新版 》》

U0348673

农作物
实用栽培技术

王长海　李　霞　毕玉根　主编

中国农业科学技术出版社

图书在版编目（CIP）数据

农作物实用栽培技术 / 王长海，李霞，毕玉根主编 . —北京：中国农业科学技术出版社，2021.4（2021.11重印）

ISBN 978-7-5116-5266-9

Ⅰ.①农⋯　Ⅱ.①王⋯②李⋯③毕⋯　Ⅲ.①作物–栽培技术　Ⅳ.①S31

中国版本图书馆 CIP 数据核字（2021）第 059154 号

责任编辑	白姗姗
责任校对	贾海霞
责任印制	姜义伟　王思文

出 版 者	中国农业科学技术出版社
	北京市中关村南大街 12 号　邮编：100081
电　　话	（010）82106638（编辑室）　　（010）82109702（发行部）
	（010）82109709（读者服务部）
传　　真	（010）82106650
网　　址	http://www.castp.cn
经 销 者	各地新华书店
印 刷 者	北京中科印刷有限公司
开　　本	850 mm×1 168 mm　1/32
印　　张	5
字　　数	100 千字
版　　次	2021 年 4 月第 1 版　2021 年 11 月第 2 次印刷
定　　价	36.80 元

《农作物实用栽培技术》
编委会

主　　编：王长海　李　霞　毕玉根

副 主 编：张文涛　王存然　陈素莹

　　　　　岳　峰　郑雪起　张庆生

　　　　　王志岭

编写人员：王　鑫　刘亚丽　刘　叶

　　　　　毕静静　陈双民　袁　鹏

　　　　　马世雷　姚　敏　张　杰

　　　　　张常山　周天岭　邱　燕

　　　　　程　浩　赵　华　赵庆方

　　　　　魏　杰　谷朝建　徐龙宝

　　　　　李嘉欣　李艳娟　焦景宇

　　　　　聂存侠　朱建强　毕剑锋

前　　言

　　加快农业发展，推进现代农业建设，保障粮食安全生产，是当前农业农村工作的重中之重。习近平指出："要给农业插上科技的翅膀"。为切实提升广大农民群众的科技素质，总结农技推广和群众生产经验，指导广大农业科技工作者在当地农业生产中因地制宜推广新技术、新模式，加快农业新技术、新成果、新品种的转化推广步伐，不断提升农业主推技术和主导品种在农业生产中的应用率，增强科技对农业生产的支撑能力，我们精心编写了本书。本书融理论性和实践性于一体，可操作性强，以期提高农民实际生产应用水平，推动农业高质量发展。

　　限于编者水平，不当之处在所难免，欢迎广大读者批评指正。

编　者

2020 年 12 月

目　　录

第一章　小麦的生长发育

第一节　小麦的一生

一、小麦的生育期

小麦的一生是指小麦从种子萌发到产生新种子的过程,该过程的持续时间称为小麦的生育期。小麦生育期的长短因栽培地区的纬度、海拔高度、耕作制度、品种和播期的不同而有很大差异。同一品种的播期不同,生育期也不同,迟播的小麦生育期较短,早播的小麦生育期较长。一般冬小麦(秋季播种)多为230天左右,春小麦(春季播种)多为100~120天。

二、生育时期

小麦的一生中，在形态特征、生理特性等方面都会发生一系列变化，人们常根据器官形成的顺序和外部形态表现，将小麦的一生划分为若干生育时期，即出苗期、分蘖期、越冬期、返青期、起身期、拔节期、挑旗期（孕穗期）、抽穗期、扬花期和灌浆成熟期。

在小麦栽培上，根据形成器官的类型和生育特点的不同，分为三大生育阶段。自种子萌发到个体拔节期为营养生长阶段，生育特点是生根、长叶和分蘖；拔节至抽穗期是营养生长与生殖生长并进阶段，各项器官生长同时并进；抽穗至成熟期是生殖生长阶段，为籽粒形成和灌浆成熟阶段。这3个阶段分别决定了小麦后期形成的亩穗数、穗粒数和千粒重，是构成产量形成的三要素。

（一）出苗期

小麦的第一片真叶露出地表 2 厘米左右为出苗，田间半数以上麦苗达到出苗标准称为该地块小麦的出苗期。正常情况下，播种至出苗需积温 100~120℃，此期的最适土壤水分为田间持水量的 70%~80%。

（二）分蘖期

主茎出现第 4 叶时，主茎第 1 叶的叶鞘中开始长出主茎节位的第 1 分蘖，田间有半数以上苗的第 1 分蘖露出叶鞘为该田地小麦的分蘖期。正常播期下，北方冬麦区出苗后 15～20 天开始分蘖。

（三）越冬期

冬麦区冬前日平均气温降至 2℃ 以下，麦苗基本停止生长，翌春平均气温升至 2℃ 以上，麦苗恢复生长，春季分蘖开始，这段停止生长的阶段称为小麦的"越冬期"。黄淮冬麦区，暖冬年份麦苗在冬季仍在缓慢生长。

（四）返青期

越冬后，春季气温回升，新叶开始长出，此时进入小麦的返青期。此期群体较小、苗弱地块可趁春季解冻返浆之机追肥提苗，旱年、土壤墒情不足的麦田可浇返青水；对旺长麦田可采取镇压措施。

（五）起身期

主茎春生的第 1 叶叶鞘和年前最后 1 叶叶耳相距 1.5 厘米左右，茎部第 1 节间开始伸长，但尚未伸出地面，此时开始进入小麦生育中期。

（六）拔节期

田间小麦个体半数以上植株基部节间露出地面 1.5~2.0 厘米时，该田地小麦进入拔节期，此期要适时、适量运用水肥管理措施，协调营养器官与生殖器官、群体与个体的生长关系，促进分蘖两级分化，创造合理的群体结构。

（七）孕穗期（挑旗期）

此时小麦旗叶完全展开，叶耳可见，旗叶叶鞘包着的幼穗明显膨胀。该时期是小麦需水的"临界期"，供水极为重要，缺水会加重小花退化，减少每穗粒数，降低千粒重。

（八）抽穗期

全田半数麦穗从旗叶鞘中伸出一半左右，为该田地小麦的抽穗期。

（九）扬花期

麦穗上中部的花开放露出黄色花药的时期为扬花期。此期是预防小麦赤霉病发生的关键时期，如遇阴雨或大雾天气，要及时喷药防治。

（十）灌浆成熟期

胚和胚乳迅速发育，干物质快速积累，籽粒体积不断增加，直至籽粒由黄绿色变为黄色，胚乳由面筋状变为蜡质状，籽粒含水率急剧下降，叶片逐步枯黄变干，至蜡熟末期籽粒干重达最大值，进入收获适期。此期是提高小麦千粒重的关键时期，要合理运筹肥水，延长旗叶和倒二叶的生理功能期，防止小麦早衰和贪青晚熟。

第二节 小麦的产量形成

小麦产量由单位面积穗数、每穗粒数和粒重3个因素构成。这3个因素受品种特性、生态环境、肥水管理技术等因素的影响，只有这三者协调发展，小麦才能获得高产。建立合理的群体结构，合理解决群体发展与个体发育的矛盾，协调发展穗数、粒数和粒重，是取得小麦高产的根本途径。

一、小麦产量结构

麦田是一个由多个个体组成的群体，各个个体之间既相互独立，又互相影响。个体发育与温度、湿度、光照、通气

5

等外部环境条件和土壤理化特性交互影响，息息相关。

1. 小麦群体

单位面积穗数决定于基本苗数、单株分蘖数和分蘖成穗率。基本苗由小麦秋种时播量决定，主茎一般情况下都能发育成穗。单株分蘖数与小麦亩穗数成正相关，一般入冬前发生的分蘖最终发育成穗的概率较高；春季发生的分蘖最终发育成穗的概率较低，越晚发生的分蘖成穗概率越低，即晚来早走。小麦分蘖发生的时期、数量和成穗率与品种特性及栽培技术有关。在播种时应根据品种特性、土壤肥力、秸秆还田质量、播种期及气候条件等因素确定合理的基本苗数。故在栽培上应创造适宜的生育环境并在播种后加强镇压等管理措施，确保一播全苗，苗壮苗匀，实现最佳亩穗数。

2. 每穗粒数

每穗粒数决定于小穗、小花的分化数和结实率。小穗分化时期在基部第 1 伸长节间开始伸长前，小花分化于小麦旗叶长出前决定。因此，夺取小麦高产，应在孕穗至开花期进行良好的肥水供应，以减少小花退化数，增加可孕小花数，提高每穗结实粒数。

3. 粒重

粒重主要决定于生育后期。籽粒灌浆物质来自抽穗前旗叶和倒 2 叶等器官中贮藏的物质和开花后叶片制造输送的光合产物。因此，在小麦的生育后期，应注意加强肥水管理和病虫害防治等技术措施，尽量延长旗叶和倒 2 叶的叶片功能期，保证充足的光合作用，最大限度提高小麦粒重。

二、不同生育时期的主攻方向

（一）冬前和冬季麦田管理

此期小麦主要生育特点是生根、长叶、分蘖。主攻方向是保证苗全苗匀、促根增蘖、促弱控旺、壮苗抗逆，为春季小麦生长发育奠定良好基础。

主要技术措施：注意分蘖肥水，浇越冬水，划锄，镇压和化学除草。

浇越冬水应注意的问题如下。

一是把握准确冬灌的时间。一般应在小雪、大雪前后（11 月下旬、12 月上旬），当 5 厘米耕层土壤内平均地温 5℃，平均气温 3~4℃，表土"夜冻日消"时为最佳时期。同时选择在一天当中的 9—16 时浇水。

二是冬灌要依据苗情、墒情具体而定。

对苗小、根少，分蘖很少的弱苗麦田可适当早浇；对于苗壮长势旺的麦田，若土壤墒情好，可推迟冬灌。

三是灌水要适量。灌水时间以上午为宜，灌水时水量不宜过大。对于缺肥的麦田可结合冬灌追肥。浇水后要适时划锄保墒，提高地温，防止地面板结，从而保证小麦安全越冬。

（二）春季麦田管理

此期生育特点是根、茎、叶、穗并进，需肥水较多。管理目标：群体适宜，保证成穗数量；个体健壮，促进幼穗分化，保证成穗质量；群体通透性良好，促进茎秆与根系发育，利于抗倒延衰。

主攻方向为促蘗增穗、壮秆大穗、防冻（倒春寒）、防病虫害。应用的技术措施为划锄、镇压，肥水管理（返青、起身、拔节、挑旗）病虫草害防治和化控防倒。

（三）后期麦田管理

此期生育特点是营养生长衰退，同化物生产、积累、转运，籽粒产量形成。管理目标是茎秆与根系发育好，不倒伏、不早衰、不贪青，后期物质生产量大，物质向籽粒转运数量多、比例大，成熟过程正常。成穗数量足；成穗质量好，穗层整齐度高，穗粒数多，籽粒整齐度高，粒重高。主攻方向为保根、保叶、防早衰、防病虫、防倒伏。应采取的主要技术措施是合理浇水，视土壤墒情、质地、苗情而定，根外喷肥，防治穗蚜、叶锈、赤霉等病虫害。

第二章　小麦实用栽培技术

第一节　小麦规范化播种与管理技术

近几年，随着各项新技术、新成果的推广应用，主导品种进一步明确，规模化种植面积不断扩大，优质化率逐年提高，标准化生产不断发展，小麦生产水平不断提高。山东省菏泽市小麦平均单产连续两年突破 450 千克，高产攻关地块小面积实打平均亩产连续两年达到 700 千克以上。

但是，当前小麦生产也出现了一些新情况、新问题：使用未经省里审定的品种，受冻减产；整地简单粗放，或受旱或受冻；播期掌握不当，或旺长或苗弱；播量偏大，或苗小或倒伏。同时，全球气候变暖，病虫害明显加重；优质小麦总量较多，但品质结构矛盾仍然存在。为了紧跟新形势，应对新变化，今后小麦种植要以规范化播种和宽幅精播为重点，优化品种布局，配方施用肥料，适期适量播种，提高播种质量，切实打好秋种基础，切实抓好以下技术措施。

一、小麦规范化播种技术

秋种整地粗放地块，春季麦田易遭遇低温，发生黄苗、死苗现象。调查发现，播种前翻耕后或旋耕后进行耙压，或小麦播种后经过镇压的麦田，麦苗生长正常或受旱、受冻很轻；旋耕后没有耙压，播种后也没有镇压，造成耕层土壤暄松，很快失墒，影响次生根喷发，冬季透风，根系受冷受冻受旱，死苗较重。因此，耕后耙压和播后镇压是保苗安全越冬的重要环节。现代小麦生产管理过程简化，重在抓好播种这一环节，奠定苗全苗壮的基础，对夺取小麦丰收至关重要。

小麦规范化播种技术包括选用适宜品种，耕作整地，翻耕或旋耕后耙压，适宜墒情、前茬秸秆还田后特别重视浇水造墒或镇压踏实土壤，进行种子包衣或药剂拌种，适期适量播种，保证播种质量，播后镇压等。

（一）选用适宜的优良小麦品种

良种是在原有亲本遗传特性的基础上，于一定自然条件和栽培条件下选育而成的，因而具有一定的适应性。只有当环境条件充分满足或适合品种的生态、生理和遗传特性的需求时，才能充分发挥其优良特性的增产潜力。所以，在生产中应根据本地区气候、土壤、地力、种植制度、产量水平和病虫害情况等，选用最适宜的良种种植。

1. 根据本地区的气候条件，特别是气温条件，选用冬性、半冬性或春性品种

为预防小麦冬春旺长、冻害和后期倒伏、早衰，对近几年小麦冻害和倒伏严重的地块，不要种植春性较强、抗倒伏能力差的品种。春性强的品种经常出现冬前发育过快、在冬季或早春遭受冻害的现象，在生产中应予以重视。

2. 根据生产水平选用品种

如在旱薄地应选用抗旱耐瘠品种；在土层较厚、肥力较高的旱肥地，应种植抗旱耐肥的品种；而在肥水条件良好的高产田，应选用丰产潜力大的耐肥、抗倒品种。

3. 根据不同耕作制度选用品种

如麦、棉套种，不但要求小麦品种具有适宜晚播、早熟的特点，以缩短麦、棉共生期，同时要求植株较矮、株型紧凑、边行优势强等，以充分利用光能，提高光合效率。

4. 根据当地自然灾害的特点选用品种

干热风较重的地区，应选用抗早衰、抗青干的品种；锈病感染较重的地区应选用抗（耐）锈病的品种。

5. 籽粒品质和商品性好

即营养品质好，加工品质符合制成品的要求，籽粒饱满、容重高，销售价格高。

6. 选用品种要经过试验、示范

在生产上既要根据生产条件的变化和产量的提高，不断更换新品种，也要防止不经试验就大量引种、调种及频繁更换品种；在种植当地主要推广良种的同时，要注意积极引进新品种进行试验、示范，并做好种子繁殖工作，以便确定"接班"品种，保持生产用种的高质量。

（二）培肥地力，提高土壤产出能力

近几年，山东省各地均创出亩（1 亩≈667 平方米，全书同）产 700 千克以上的超高产示范田，高产攻关田平均亩产 750 千克以上，最高亩产达到 808.5 千克，菏泽市牡丹区也连续两年实现小面积实打验收突破 750 千克，这些小麦地块的高产的基础是耕层土壤有机质含量 1.2% 以上，氮、磷、钾营养丰富且协调。因此，提高土壤有机质含量是小麦高产的关键。

1. 搞好秸秆还田，增施有机肥

提高土壤耕层有机质含量是实现粮食高产的基础，提高土壤有机质含量的方法：一是增施有机肥，二是进行秸秆还田。在有机肥缺乏的条件下，唯一的途径就是秸秆还田。在许多地方，大量的作物秸秆和残茬未用于还田，而是置于田边地头烧掉，浪费了大量的有机质，严重污染了环境。单纯使用化肥，不能提高土壤有机质含量，还会使土壤容重、孔隙度等物理性状向不利于小麦生长发育的方向转化，也不能为高产麦田的小麦生长发育提供全面的有机养分和无机养分。重视秸秆还田，能优化麦田土壤的综合特性，增强小麦生产的后劲，是农业可持续发展不可忽视的大事。

玉米秸秆还田时应注意两个问题：一是尽量将玉米秸秆粉碎得细一些，一般要用玉米秸秆还田机打两遍，秸秆长度低于 10 厘米，最好在 5~7 厘米。二是无论是通过翻耕还是旋耕掩埋玉米秸秆，均应在还田后灌水造墒，也可在小麦播种后立即浇蒙头水，墒情适宜时搂划破土，辅助出苗。这样，有利于小麦苗全、苗齐、苗壮。造墒时，每亩灌水 40 立方米。

如果土壤墒情较好不需要浇水造墒，要将粉碎的玉米秸秆翻耕或旋耕之后，用镇压器多遍镇压，小麦播种后再镇压，才能保证小麦出苗后根系正常生长，提高抗旱能力。

此外，要在推行玉米联合收获和秸秆还田的基础上，广辟肥源、增施农家肥，努力改善土壤结构，提高土壤耕层的有机质含量。一般亩施有机肥 3 000 千克左右。

2. 测土配方施肥

要结合测土配方施肥项目，因地制宜合理确定化肥基施比例，优化氮磷钾配比，大力推广化肥深施技术。亩产 600 千克的超高产田一般全生育期亩施纯氮（N）16 千克，磷

（P_2O_5）7.5～12千克，钾（K_2O）7.5千克，硫酸锌1千克；亩产500千克左右的高产田一般亩施纯氮（N）14千克，磷（P_2O_5）7千克，钾（K_2O）5～7.5千克；亩产300～400千克的中产田一般亩施纯氮（N）12～14千克，磷（P_2O_5）8～10千克。高、中产田应将有机肥全部、氮的50%，全部的磷、钾肥均施作底肥，翌年春季小麦起身拔节期再施50%氮肥。超高产田应将有机肥全部、氮肥的40%～50%，全部的磷、锌肥和50%钾肥施作底肥，翌年春季小麦拔节期再施50%～60%氮肥和50%钾肥。要大力推广化肥深施技术，坚决杜绝地表撒施。

（三）翻耕和耙耢相结合，提高整地质量

耕作整地是小麦播前准备的主要技术环节，与小麦丰产有着密切关系。整地要重点注意以下几点。

1. 因地制宜选择深耕或旋耕

对土壤实行大犁深耕可疏松耕层，降低土壤容重，增加孔隙度，改善通透性，促进好气性微生物活动和养分释放；提高土壤渗水、蓄水、保肥和供肥能力。因此，对采用秸秆还田的高产田，尤其是高产创建地块，要增加翻耕深度，努力扩大机械深耕面积。土层深厚的高产田，深耕时耕深要达到25厘米左右，中产田23厘米左右，对于犁底层较浅的地块，耕深要逐年增加。但大犁深耕也存在着工序复杂，耗费

能源较大，在干旱年份还会因土壤失墒较严重而影响小麦产量等缺点，且深耕效果可以维持多年。因此，对于一般地块，不必年年深耕，而应用旋耕、浅耕等。进行玉米秸秆还田的麦田，由于旋耕机的耕层浅，采用旋耕的方法难以完全掩埋秸秆，所以应将玉米秸秆粉碎，尽量打细，旋耕2遍，效果才好。

用深松犁深松是一种新的耕作方法，它是用大马力拖拉机牵引深松犁在不打乱土层的情况下，深松犁深入35厘米以下的土层中，边震动边松动土层，打破犁底层，深松后的麦田有利于蓄水保墒、根系下扎。

2. 翻耕与耙耱相结合

翻耕后耙耱可使土壤细碎，消灭坷垃，上松下实，底墒充足。因此，各类翻耕地块都要及时耙耱。尤其是采用秸秆还田和旋耕机旋耕地块，由于耕层土壤暄松，容易造成小麦播种过深，形成深播弱苗，影响小麦分蘖的发生，造成穗数不足，降低产量。旋耕地块由于土壤松散，失墒较快，所以必须翻耕后尽快耙耱、镇压2~3遍，以破碎土垡，耙碎土块，疏松表土，平整地面，上松下实，减少蒸发，抗旱保墒；使耕层紧密，播种后种子与土壤紧密接触，保证播种深度一致，出苗整齐健壮。

3. 按规格作畦

黄淮地区种植小麦大部分群众没有作畦的习惯，浇水时大水漫灌，水资源浪费严重。因此，有水浇条件的麦田，要在整地时打埂筑畦，实行小麦畦田化栽培，以便于精细整地，保证播种深浅一致，浇水均匀，节省用水。畦的大小应因地制宜，水浇条件好的可采用大畦，水浇条件差的可采用小畦。畦宽 1.65~3 米，畦埂 35 厘米左右。在确定小麦播种行距和畦宽时，要充分考虑农业机械的作业规格要求和下茬作物直播或套种的需求。对于花生、棉花主产区，秋种时要留足留好套种行，大力推广麦油、麦棉套种技术，努力扩大小麦面积；但对于小麦玉米一年两熟的地区，要大力推广麦收后玉米夏直播技术，秋种时应杜绝小麦田预留玉米套种行。

（四）提高播种质量，确保苗齐苗匀

提高播种质量可保证小麦苗全、苗匀、苗壮，群体合理发展和实现小麦丰产的基础。秋种中应重点抓好以下几个环节。

1. 认真搞好种子处理

提倡用种衣剂进行种子包衣，预防苗期病虫害。没有用种衣剂包衣的种子要用药剂拌种。近几年小麦地下害虫发生严重，特别是金针虫，在苗期咬断麦苗，造成缺苗断垄，应特别重视。一是根病发生较重的地块，可选用 2% 立克莠按种子量的 0.1%~0.15% 拌种，或 20% 粉锈宁按种子量的 0.15% 拌种。二是地下害虫发生较重的地块，可选用 40% 甲基异柳磷乳油，按种子量的 0.2%拌种。三是病、虫混发地块可选用以上药剂（杀菌剂+杀虫剂）混合拌种。由于拌种对小麦出苗有影响，播种量应适当加大 10%~15%。

2. 适期播种

温度是决定小麦播种期的主要因素。近几年来，随着气候变暖，按常年播期播种，播种期偏早，往往出现小麦冬前旺长，易引发冬季和早春冻害。各地要在试验示范的基础上，适当推迟播期，努力扩大小麦适期播种面积。

一般冬小麦从播种至出苗约需 0℃以上的积温 120℃，以后每长出 1 片叶子约需积温 75℃。在山东省，冬前日平均气温达到 0℃时小麦进入越冬期，这时冬性和半冬性品种的主茎叶龄为 6 叶和 6 叶 1 心为壮苗，达到 8 叶时为旺苗。这样就可以计算出：冬性和半冬性品种生长到 6 叶和 6 叶 1 心需要 0℃以上的积温为 570~645℃，再根据当地日平均气温达到 0℃的日期，往前累加每天的 0℃以上的日平均气温，加到小麦形成壮苗所需的 0℃以上积温之日，即是当地适宜的播种期。播种期偏早，冬前积温超过上述指标，小麦就会旺长，冬季或春季容易遭受冻害。

冬前气候逐渐变暖、积温增多，如果继续在原来认定的适宜播期播种就会形成旺苗。为应对气候变暖的形势，冬小麦的播种适期应该比过去认定的适宜播期适当推迟。根据计算和试验，山东小麦适宜播期为 10 月 5—15 日，其中最佳播期为 10 月 7—12 日。

3. 足墒播种

小麦出苗的适宜土壤湿度为田间持水量的 70%~80%。秋种时若墒情适宜，要在秋作物收获后及时翻耕，并整地播种；墒情不足的地块，要注意造墒播种。在适期内，应掌握"宁可适当晚播，也要造足底墒"的原则，做到足墒下种，确保一播全苗。对于玉米秸秆还田的地块，应在还田后灌水造墒；土壤黏重的地块也可在小麦播种后立即浇蒙头水，墒情适宜时搂划破土，辅助出苗。足墒播种，有利于小麦苗全、苗齐、苗壮。造墒时，每亩灌水 40 立方米。

4. 适量播种

小麦适宜播量因品种、播期、地力水平等条件而异。在适期播种情况下，成穗率高的中穗型品种，精播高产麦田，每亩基本苗 12 万~15 万，半精播中高产田每亩基本苗 13 万~18 万；成穗率低的大穗型品种适当增加基本苗，每亩基本苗 15 万~20 万为宜，晚茬麦田根据晚播天数适当增加基本苗，每亩基本苗 20 万~30 万。

5. 机械匀播，提高播种质量

当前，小麦耕地、整地、播种都是机械化作业，机手的作业技术水平和认真程度是决定播种质量高低的重要因素。生产中存在的问题是，播种机行走太快，造成播量不准，播种深度过深或过浅，麦行间距或小或大，播种机堵塞造成缺苗断垄等。所以，培训农机手非常重要。播种时播种机行走速度为每小时 5 千米，并保证播量准确、深度 3~5 厘米，行距一致，不漏播、不重播。

6. 播后镇压

从近几年的生产经验看，小麦播后镇压是提高小麦苗期抗旱能力和出苗质量的有效措施。因此，秋种播种时要选用带镇压装置的小麦播种机械，在小麦播种时随种随压，也可在小麦播种后用镇压器镇压两遍，努力提高镇压效果。尤其是对于秸秆还田地块，如果土壤墒情较好不需要浇水造墒时，要将粉碎的玉米秸秆翻耕或旋耕之后，用镇压器多遍镇压，小麦播种后再镇压，才能保证小麦出苗后根系正常生长，提高抗旱能力。

二、田间规范化管理技术

（一）冬前管理（出苗至 12 月上旬）

1. 查苗补种，杜绝缺苗断垄

小麦要高产，苗全苗匀是关键。因此，小麦出苗后，要及时到地里检查出苗情况，对有缺苗断垄地块，要尽早进行补种，发现有 10 厘米以上缺苗断垄地段，要补种浸种催芽的种子，确保苗全。补种方法：选择相同品种的种子，进行催芽后，开沟均匀撒种，墒情差的要结合浇水补种。出苗后遇雨或土壤板结，要及时进行划锄；在出苗后查苗补种的基础上，于 3~4 叶期再进行查苗，将疙瘩苗疏开，补栽在缺苗断垄处，补苗后踏实浇水。

2. 控制多余分蘖

当冬前每亩总分蘖数达到 65 万后，即可进行深耘断根。依据群体大小和麦苗长相长势，可采用每行深耘或隔行深耘，耘的深度在 10 厘米左右。耘后搂平、压实或浇水，防止透风冻害。

3. 浇好冬水

浇冬水时间以立冬至小雪期间为宜，群体适宜或偏大适期内晚浇，反之适期内早浇。

（二）春季及后期管理（2 月底至 6 月上旬）

1. 重施起身或拔节肥水

苗情偏弱，群体低于 60 万的，管理时期可在返青期前后；群体在 75 万左右的，肥水时期在拔节前；群体超过 80 万的，在拔节以后进行肥水管理。浇水后要适时划锄保墒。每亩浇水 40 立方米，开沟追施尿素 18 千克左右。

2. 综合防治病虫及杂草为害

白粉病可每亩用 43% 戊唑醇悬浮剂 25 克，或 30% 醚菌酯悬浮剂 40 克，兑水 30 千克喷雾防治。锈病可亩用 43%戊唑醇悬浮剂 15~25 克，兑水 20 千克喷雾防治。纹枯病可每亩用 5%井冈霉素水剂 100 毫升，兑水 45 千克，或每亩用 240 克/升噻呋酰胺悬浮剂 20~30 毫升，兑水 45 千克，喷雾防治。赤霉病可亩用 50%多菌灵可湿性粉剂或 70%甲基硫菌灵可湿性粉剂 100 克，或 45%戊唑醇·咪鲜胺微乳剂 20~25 克，兑水 30 千克，于开花后对穗喷雾防治。防治蚜虫，每亩用 20%联苯·噻虫嗪悬浮剂 15 毫升，或 2.5%联苯菊酯微乳剂 30 毫升，兑水 20 千克，喷雾防治。

化学除草禾本科杂草每亩 3%甲基二磺隆油悬浮剂每亩 25~30 毫升，或 75%氟唑磺隆水分散粒剂 3 克，兑水 20 千克，喷雾；对以播娘蒿、荠菜、猪殃殃为主的麦田，每亩可选用 50 克/升双氟磺草胺悬浮剂 12 毫升、200 克/升氯氟吡氧乙酸乳油 40 毫升、10%唑草酮乳油 12 毫升，兑水 20~30 千克混合喷施。阔叶杂草和禾本科杂草混合发生地块，可选用 3%甲基二磺隆油悬浮剂、50 克/升双氟磺草胺悬浮剂、200 克氯氟吡氧乙酸乳油混合喷施，各自用量不变。

3. 浇好挑旗、灌浆水

一般于开花期前后进行。如挑旗期墒情较差，在挑旗期浇水；开花期墒情较好，应推迟至灌浆期。

4. 叶面喷肥

籽粒灌浆时开始叶面喷肥，连续喷两次，间隔时间为 1

周，可用叶霸或磷酸二氢钾掺尿素叶面喷施。

5. 适时收获

蜡熟末期为适宜收获期。蜡熟末期的长相为植株茎秆全部黄色，叶片枯黄，籽粒含水率 22% 左右，籽粒颜色接近本品种固有光泽、籽粒较为坚硬。在蜡熟末期用联合收割机收获，麦秸还田。

第二节　中高产小麦高产优质高效栽培技术

一、范围

本标准规定了黄淮地区中高产小麦高产优质高效栽培的品种选用、种子处理、秸秆还田、耕地整地、播种、配方施肥、浇水、病虫草害防治、收获等配套技术规范。

二、术语和定义

（一）高产

常年产量达到每亩 400~500 千克。

（二）　中产

常年产量达到每亩 350~400 千克。

（三）　大穗型品种

单穗粒重 1.9 克及以上，每亩成穗数 28 万~35 万。

（四）　中穗型品种

单穗粒重 1.1~1.8 克，每亩穗数 36 万~45 万。

（五）　优质

种植的强筋或中筋小麦品种，品质指标达到国家标准。

（六）　高效

与常规或传统技术相比，产量提高 10%，生产成本不增加。

三、群体动态和产量结构指标

（一）　群众动态指标

分蘖成穗率低的大穗型品种，每亩基本苗 16 万~20 万，冬前总茎数 70 万~80 万，春季最大总茎数 75 万~90 万；分蘖成穗率高的中穗型品种，每亩基本苗 12 万~16 万，冬前总茎数 60 万~80 万，春季最大总茎数 70 万~90 万。

（二）产量结构指标

分蘖成穗率低的大穗型品种，每亩穗数 28 万~35 万，每穗粒数 45 粒左右，千粒重 45 克左右；分蘖成穗率高的中穗型品种，每亩穗数 36 万~45 万；每穗粒数 30~35 粒，千粒重 40~45 克。

四、规范化播种

（一）播前准备

1. 品种选择

选用经过山东省品种审定委员会审定，经当地试验、示范，适用当地生产条件、单株生产力高、抗倒伏、抗病、抗逆性强的冬性或半冬性品种。中产水平条件下，宜选用分蘖成穗率高、稳产丰产的品种；高产水平条件下，宜选用耐肥水、增产潜力大的品种。麦、棉套种地区，选用适宜晚播、早熟的品种。

2. 种子质量

选用经提纯复壮的种子，进行精选，大田用种纯度不低于 99.0%，净度不低于 99.0%，发芽率不低于 85%，水分不高于 13.0%。

3. 种子处理

用高效低毒的专用种衣剂包衣。

没有包衣的种子要用药剂拌种，根病发生较重的地块，选用 2% 戊唑醇（立克莠）按种子量的 0.1%~0.15% 拌种，或 20% 三唑酮（粉锈宁）按种子量的 0.15% 拌种；地下害虫发生较重的地块，选用 40% 甲基异柳磷乳油，按种子量的 0.2% 拌种；病、虫混发地块用以上杀菌杀虫剂混合拌种效果更好。

4. 秸秆还田和造墒

前茬是玉米的麦田，先用玉米秸秆还田机粉碎 2~3 遍，秸秆长度 5 厘米左右。翻耕或旋耕掩埋玉米秸秆后要浇水造墒、踏实耕层，每亩浇水 40 立方米。

小麦出苗的适宜土壤湿度为田间持水量的 70%~80%。土壤墒情较好不需要造墒的地块，要将粉碎的玉米秸秆翻耕或旋耕后，用镇压器多遍镇压。

没有造墒的麦田，在小麦播种后立即浇蒙头水，墒情适宜时搂划破土，辅助出苗。

5. 施用底肥

高产条件：0~20 厘米土层土壤有机质含量 1.0% 及以上，全氮 0.09%，碱解氮 70~80 毫克/千克，速效钾 90 毫克/千克，有效硫 12 毫克/千克及以上。每亩生产小麦 400~500 千克的施肥量为：纯氮（N）12~14 千克，磷（P_2O_5）7.5 千克，钾（K_2O）7.5 千克，硫（S）3~4 千克，提倡施有机肥。上述施肥量中，全部有机肥、磷肥、钾肥，氮肥的 50% 作底肥，翌年春季小麦拔节期追施 50% 的氮肥。硫素采用硫酸铵或硫酸钾或过磷酸钙等形态肥料施用。施用的化肥质量要符合国家相关标准的规定。

中产条件：0~22 厘米土层土壤有机质含量 0.8% 左右，全氮 0.06%~0.08%，碱解氮 60~70 毫克/千克，速效磷 10~15 毫克/千克，速效钾 60~80 毫克/千克，有效硫 12 毫克/千克。为不断培肥地力，中产条件要适当增施肥料。每亩生产小麦 350~400 千克的施肥量为：纯氮（N）12~14 千克，磷（P_2O_5）6~7.5 千克，钾（K_2O）6~7.5 千克，硫（S）3~4 千克，提倡增施有机肥。上述施肥量中，全部有机肥、磷肥、钾肥，氮肥的 50%~60% 作底肥，翌年春季小麦起身拔节期追施 50%~40% 的氮肥。硫素采用硫酸铵或硫酸钾或过磷酸钙等形态肥料施用。施用的化肥质量要符合国家相关标准的规定。

6. 土壤处理

地下害虫严重的地块，每亩用 40% 辛硫磷乳油或 40% 甲基异柳磷乳油 0.3 千克，兑水 1~2 千克，拌细土 25 千克制成毒土，耕地前均匀撒施地面，随耕地翻入土中。

7. 耕地耙地

采用旋耕的麦田，应旋耕 3 年，深翻耕 1 年，耕深 23~

25 厘米，破除犁底层；或用深松机深松，深度 30 厘米，也可破除犁底层。

翻耕或旋耕后及时耙地，破碎土块，达到地面平整、上松下实、保墒抗旱，避免表层土壤疏松播种过深，形成深播弱苗。

8. 畦面规格

在整地打埂筑畦，畦宽 2.5~3.0 米，畦长 50~60 米，畦埂宽 40 厘米。

（二）播种

1. 播种期

小麦从播种至越冬开始，有 0℃ 以上积温 600~650℃ 为宜。适宜播期为 10 月 5—15 日，其中最佳播期为 10 月 7—12 日。

2. 播种量

在适宜播种期内，分蘖成穗率低的大穗型品种，每亩基本苗 16 万~20 万；分蘖成穗率高的中穗型品种，每亩基本苗 12 万~16 万。在此范围内，高产田宜少，中产田宜多。按照以下公式计算播种量。晚于适宜播种期播种，每晚播 2 天，每亩增加基本苗 1 万~2 万。

$$每亩播种量（千克）=\frac{每亩计划基本苗数×千粒重（克）}{1\,000×1\,000×发芽率（\%）×出苗率（\%）}$$

3. 播种方式、行距、深度

用小麦宽幅精播机或半精播机播种，行距 21~23 厘米，播种深度 3~5 厘米。播种机不能行走太快，每小时 5 千米，以保证下种均匀、深浅一致、行距一致，不漏播、不重播。

4. 播种后镇压

用带镇压装置的小麦播种机，在小麦播种时随种随压；没有浇水造墒的秸秆还田地块，播种后再用镇压器镇压 1~2 遍，保证小麦出苗后根系正常生长，提高抗旱能力。

五、冬前管理

（一）查苗补种

小麦出苗后及时查苗补种，对有缺苗断垄的地块，选择与该地块相同品种的种子，开沟撒种，墒情差的开沟浇水补种。

（二）防除杂草

于 11 月上中旬，小麦 3~4 叶期，日平均温度在 10℃以上时及时防除麦田杂草。阔叶杂草每亩用 75% 苯磺隆 1 克或 15% 噻磺隆 10 克，抗性双子叶杂草每亩用 5.8% 双氟磺草胺（麦喜）悬浮剂 10 毫升或 20% 氯氟吡氧乙酸（使它隆）乳油

50~60 毫升，兑水 30 千克喷雾防治。单子叶杂草每亩用 3% 甲基二磺隆（世玛）乳油 30 毫升，兑水 30 千克喷雾防治。

（三）防治地下害虫

每亩用 50%辛硫磷或 48%毒死蜱乳油 0.25~0.3 升，兑水 10 倍，喷拌 40~50 千克细土制成毒土，在根旁开浅沟撒入药土，随即覆土，或结合锄地施入药土。也可用 50 辛硫磷乳油或 48%毒死蜱乳油 1 000 倍液顺垄浇灌，防治蛴螬、金针虫等地下害虫。

（四）浇冬水

在 11 月下旬，日平均气温降至 3~5℃时开始浇冬水，夜冻昼消时结束，每亩浇水 40 立方米。浇过冬水，墒情适宜时要及时划锄。

对造墒播种、越冬前降雨、墒情适宜、土壤基础肥力较高、群体适宜或偏大的麦田，也可不浇冬水。

（五）禁止麦田放牧

麦田放牧会使麦苗受到损伤，根系被拉断造成死苗。越冬期间保留下来的绿色叶片，返青后即可进行光合作用，它是小麦春季恢复生长时所需养分的主要来源，因此严禁麦田放牧。

（六）冬季冻害的补救措施

发生冬季冻害、主茎和大分蘖冻死的麦田，在小麦返青初期追肥浇水，每亩追施尿素 10 千克，缺磷地块可将尿素和磷酸二铵混合施用。小麦拔节期，再结合浇拔节水施肥，每亩施尿素 10 千克。

一般受冻麦田，仅叶片冻枯，没有死蘖现象，早春应及早划锄，提高地温，促进麦苗返青，在起身期追肥浇水，提高分蘖成穗率。

六、春季管理

（一）划锄镇压

小麦返青期及早划锄镇压，增温保墒。

（二）防除杂草

冬前没防除杂草或春季杂草较多的麦田，应于小麦返青期，日平均温度在 10℃ 以上时防除麦田杂草。防除药剂同冬前期。

（三）化控防倒

旺长麦田或株高偏高的品种，应于起身期每亩喷施麦丰安 30~40 毫升，兑水 30 千克喷雾，抑制小麦基部第 1 节间伸长，使节间短、粗、壮，提高抗倒伏能力。

（四）追肥浇水

高产条件下，分蘖成穗率低的大穗型品种，在拔节初期（基部第 1 节间伸出地面 1.5~2 厘米）追肥浇水。中产条件下，中穗型和大穗型品种均在起身期至拔节初期追肥浇水。浇水量每亩 40 立方米。

（五）防治纹枯病

起身期至拔节期，当病株率 15%~20%，病情指数 6%~7%时，每亩用 5%井冈霉素水剂 150~200 毫升，或 40%戊唑双可湿性粉剂 90~120 克，兑水 75~100 千克，喷麦茎基部防治，间隔 10~15 天再喷 1 次。

（六）防治麦蜘蛛

可用 1.8%阿维菌素乳油 4 000 倍液喷雾防治。

（七）早春冻害（倒春寒）的补救措施

小麦拔节期，出现倒春寒天气，地表温度降到 0℃以下，发生的霜冻为害为早春冻害。发生早春冻害的麦田，立即施速效氮肥和浇水，促进小麦早分蘖、小蘖赶大蘖，提高分蘖成穗率，减轻冻害损失。

（八）低温冷害的补救措施

小麦孕穗期，遭受 0 ~ 2℃ 低温对幼穗小花发生的为害称为低温冷害。发生低温冷害的麦田应及时追肥浇水，保证小麦正常灌浆，提高粒重。

七、后期管理

（一）浇水

小麦开花至灌浆初期浇水，不要浇麦黄水，以免降低小麦粒重和品质。

（二）病害防治

1. 小麦条锈病

当地菌源病叶率 5%、外来菌源病叶率 1% 时，每亩用 15% 三唑酮可湿性粉剂 80 ~ 100 克或 20% 戊唑醇可湿性粉剂 60 克，兑水 50 ~ 70 千克喷雾防治。

2. 小麦赤霉病

开花期遇阴雨天，每亩用 50% 多菌灵可湿性粉剂或 50% 甲基硫菌灵可湿性粉剂 75 ~ 100 克，兑水稀释 1 000 倍，于开花后对穗喷雾防治。

3. 小麦白粉病

当病情指数 1.83、病叶率 10% 时，每亩用 40% 戊唑双可湿性粉剂 30 克或 20% 三唑酮乳油 30 毫升，兑水 50 千克喷雾防治。

（三）　虫害防治

1. 麦蚜

小麦开花至灌浆期间，百穗蚜量 500 头，或蚜株率达 70% 时，每亩用高效氯氟氢菊酯 20～30 毫升或 10% 吡虫啉 10～15 克，兑水 50 千克喷雾防治。

2. 小麦红蜘蛛

当平均每 33 厘米行长小麦有螨 200 头时，每亩用 20% 甲氰菊酯乳油 30 毫升或 40% 马拉硫磷乳油 30 毫升或 1.8% 阿维菌素乳油 8～10 毫升，兑水 30 千克喷雾防治。

3. 小麦吸浆虫

在抽穗至开花盛期，每亩用 4.5% 高效氯氟氰菊酯乳油 15～20 毫升或 2.5% 溴氰菊酯乳油 15～20 毫升，兑水 50 千克喷雾防治。

（四）　叶面喷肥

灌浆期叶面喷施 0.2%～0.3% 磷酸二氢钾 +1%～2% 尿素

或喷施宝、绿亨必多收等，促进小麦功能叶片光合高值持续期，提高小麦抗干热风的能力，防止早衰。

（五）一喷三防

为提高工效，在孕穗期至灌浆期将杀虫剂、杀菌剂与磷酸二氢钾（或其他预防干热风的植物生长调节剂、微肥）混配，叶面喷施，1 次施药可达到防虫、防病、防干热风的目的。山东省小麦生育后期常发生的病虫害有白粉病、锈病、蚜虫，"一喷三防"的药剂可每亩用 15% 三唑酮可湿性粉剂 80~100 克、高效氯氟氰菊酯 20~30 毫升、0.2%~0.3% 磷酸二氢钾 100~150 克兑水 50 千克，叶面喷施。

（六）收获

用联合收割机在蜡熟末期至完熟初期收获。优质专用小麦单收、单打、单贮。

第三节　超高产小麦栽培技术

一、范围

本标准规定了超高产小麦栽培的品种选用、种子处理、秸秆还田、耕地整地、播种、施肥、浇水、病虫草害防治、收获等技术规范。

二、术语和定义

（一）超高产

产量达到每亩 600 千克左右。

（二）大穗型品种

单穗粒重 1.9 克及以上，每亩穗数 30 万~40 万。

（三）中穗型品种

单穗粒重 1.1~1.8 克，每亩穗数 45 万~50 万。

三、群体动态和产量结构指标

（一）群体动态指标

分蘖成穗率低的大穗型品种，每亩基本苗 15 万~18 万，冬前总茎数 75 万~90 万，春季最大总茎数 80 万~95 万；分蘖成穗率高的中穗型品种，每亩基本苗 12 万~16 万，冬前总茎数 70 万~80 万，春季最大总茎数 80 万~95 万。

（二）产量结构指标

分蘖成穗率低的大穗型品种，每亩穗数 30 万~40 万，每穗粒数 45~50 粒，千粒重 45~50 克；分蘖成穗率高的中穗型品种，每亩穗数 45 万~50 万，每穗粒数 35~40 粒，千粒重 40~45 克。

四、规范化播种

（一）播前准备

1. 品种选择

选用通过国家或山东省农作物品种审定委员会审定，经当地试验、示范，适用当地生产条件、单株生产力高、抗倒伏、抗病、抗逆性强的冬性或半冬性品种。

2. 种子质量

选用经过提纯复壮的种子，进行精选，大田用种纯度不低于 99.0%，净度不低于 99.0%，发芽率不低于 85%，水分不高于 13.0%。

3. 种子处理

用高效低毒的专用种衣剂包衣。

没有包衣的种子要用药剂拌种，根病发生较重的地块，选用 2% 戊唑醇（立克莠）按种子量的 0.1%～0.15% 拌种，或 20% 三唑酮（粉锈宁）按种子量的 0.15% 拌种；地下害虫发生较重的地块，选用 40% 甲基异柳磷乳油，按种子量的 0.2% 拌种；病、虫混发地块用以上杀菌杀虫剂混合拌种。

4. 土壤肥力

小麦亩产 600 千克左右需要较高的土壤肥力基础，0～20 厘米土层土壤有机质含量 1.2% 以上，全氮 0.1%，碱解氮 90 毫克/千克，速效磷 25 毫克/千克，速效钾 90 毫克/千克，有效硫 20 毫克/千克及以上。

5. 秸秆还田和造墒

前茬是玉米的麦田，先用玉米秸秆还田机粉碎 2～3 遍，秸秆长度 5 厘米左右。翻耕或旋耕掩埋玉米秸秆后要浇水造墒、踏实耕层，每亩浇水 40 立方米。

没有造墒的麦田，在小麦播种后立即浇蒙头水，墒情适宜时搂划破土，辅助出苗。

小麦出苗的适宜土壤湿度为田间持水量的 70%～80%。土壤墒情较好不需要造墒的地块，要将粉碎的玉米秸秆翻耕或旋耕后，用镇压器多遍镇压。

6. 施用底肥

每亩施纯氮 16 千克，磷（P_2O_5）7.5 ~ 9 千克，钾（K_2O）7.5~9 千克，硫（S）3~4 千克，硫酸锌 1 ~ 2 千克，硼肥 1 千克，提倡施有机肥。上述总施肥量中，全部有机肥、磷肥、硫酸锌、硼肥 1 千克、40% ~ 50% 的氮肥，50% 的钾肥作底肥，翌年春季小麦拔节期追施 50% ~ 60% 的氮肥和 50% 的钾肥。硫素采有硫酸铵或硫酸钾或过磷酸钙等形态肥料施用。施用的化肥质量要符合国家相关标准的规定。

7. 土壤处理

地下害虫严重的地块，每亩用 40% 辛硫磷乳油或 40% 甲基异柳磷乳油 0.3 千克，兑水 1~2 千克，拌细土 25 千克制成毒土，耕地前均匀撒施地面，随耕地翻入土中。

8. 耕地耙地

提倡机耕，耕深 25 厘米，破除犁底层，掩埋前茬秸秆。旋耕的麦田，必须旋耕 2~3 遍，耕深 15 厘米以上，掩埋秸秆，并每隔 2 年深耕或深松 1 年，深松深度 30 厘米。

翻耕或旋耕后及时耙地，破碎土块，达到地面平整、上松下实、保墒抗旱，避免表层土壤疏松播种过深，形成深播弱苗。

9. 畦面规格

畦宽 2.5~3.0 米，畦长 50~60 米，畦埂宽 40 厘米。

(二) 播种

1. 播种期

从播种至越冬开始，以 0℃ 以上积温 600~650℃ 为宜。最佳播期为 10 月 7—12 日。

2. 播种量

在适宜播种期内，分蘖成穗率低的大穗型品种，每亩基本苗 15 万~18 万；分蘖成穗率高的中穗型品种，每亩基本苗 12 万~16 万。

按照以下公式计算播种量。

$$每亩播种量（千克）= \frac{每亩计划基本苗数×千粒重（克）}{1\,000×1\,000×发芽率（\%）×出苗率（\%）}$$

3. 播种方式、行距、深度

用小麦精播机或半精播机播种。行距 21~25 厘米，播种深度 3~5 厘米。播种机不能行走太快，每小时 5 千米，保证下种均匀、深浅一致、行距一致，不漏播、不重播，地头地边播种整齐。

4. 播种后镇压

用带镇压装置的小麦播种机械，在小麦播种时随种随压，也可在小麦播种后用镇压器镇压。没有浇水造墒的秸秆还田地块，播种后镇压才能保证小麦出苗后根系正常生长，提高抗旱能力。

五、冬前管理

（一）查苗补种

小麦出苗后及时查苗补种，对有缺苗断垄的地块，选择与该地块相同品种的种子，开沟撒种，墒情差的开沟浇水补种。

（二）划锄

出苗后遇雨或土壤板结，及时划锄，破除板结，有利于保墒。

（三）防除杂草

于 11 月上中旬，小麦 3~4 叶期，日平均温度在 10℃以上时及时防除麦田杂草。阔叶杂草每亩用 75%苯磺隆 1 克或 15%噻磺隆 10 毫升或 20%氯氟吡氧乙酸（使它隆）乳油 50~60 毫升，兑水 30 千克喷雾防治。单子叶杂草每亩用 3%甲基二磺隆（世玛）乳油 30 毫升，兑水 30 千克喷雾防治。

（四）防治地下害虫

每亩用 50%辛硫磷或 48%毒死蜱乳油 0.25~0.3 升，兑水 110 倍，喷拌 40~50 千克细土制成毒土，在根旁开浅沟撒入药土，随即覆土，或结合锄地施入药土。也可用 50%辛硫磷乳油或 48%毒死蜱乳油 1 000 倍液顺垄浇灌，防治蛴螬、金针虫等地下害虫。

（五）浇冬水

于 11 月中下旬，日平均气温降至 3~5℃开始浇冬水，每亩浇水 40 立方米。浇过冬水，墒情适宜时要及时划锄。

（六）禁止麦田放牧

麦田放牧会使麦苗受到损伤，根系被拉断造成死苗。越冬期间保留下来的绿色叶片，返青后即可进行光合作用，它是小麦春季恢复生长时所需养分的主要来源，因此严禁麦田放牧。

六、春季管理

（一）划锄镇压

小麦返青期及早进行划锄镇压，增温保墒。

（二）防除杂草

冬前没防除杂草或春季杂草较多的麦田，应于小麦返青期，日平均温度在 10℃ 以上时防除麦田杂草。防除药剂同冬前期。

（三）化控防倒

旺长麦田或株高偏高的品种，于起身期每亩用麦丰安30~40毫升，兑水 30 千克喷施，抑制小麦基部第 1 节间伸长，使节间短、粗、壮，提高抗倒伏能力。

（四）追肥浇水

分蘖成穗率低的大穗型品种，在拔节早期（基部第 1 节间伸出地面 1.5~2 厘米）追肥浇水。分蘖成穗率较高的中穗型品种，群体适宜的拔节中期追肥浇水，群体偏大的在拔节后期旗叶露尖时追肥浇水；每亩追施纯氮（N）8~9.6 千克，钾（K_2O）3.8~4.5 千克；每亩灌水 40 立方米。

（五）防治纹枯病

起身期至拔节期，当期株率 15%~20%、病情指数 6%~7%时，每亩用 5% 井冈霉素水剂 150~200 毫升，或 40% 戊唑双可湿性粉剂 90~120g，兑水 75~100 千克喷施麦茎基部防治，间隔 10~15 天再喷 1 次。

（六）防治麦蜘蛛

用 1.8% 阿维菌素乳油 4 000 倍液喷雾。

七、后期管理

（一）浇水

小麦开花期至灌浆初期浇水。浇水量每亩 40 立方米。要避免浇麦黄水，麦黄水会降低小麦粒重和品质。

（二）病害防治

1. 小麦条锈病

当地菌源病叶率 5%、外来菌源病叶率 1% 时，每亩用 15% 三唑酮可湿性粉剂 80~100 克或 20% 戊唑醇可湿性粉剂 60 克，兑水 50~75 千克喷雾防治。

2. 小麦赤霉病

开花期遇阴雨，每亩用 50% 多菌灵可湿性粉剂或 50% 甲基硫菌灵可湿性粉剂 75~100 克，兑水稀释 1 000 倍，于开花后对穗喷雾防治。

3. 小麦白粉病

当病情指数 1.83、病叶率 10% 时，每亩用 40% 戊唑双可湿性粉剂 30 克或 20% 三唑酮乳油 30 毫升，兑水 50 千克喷雾防治。

（三）虫害防治

1. 麦蚜

小麦开花至灌浆期间，百穗蚜量 500 头，或蚜株率达 70%时，每亩用高效氯氟氢菊酯 20～30 毫升或 10%吡虫啉 10~15 克，兑水 50 千克喷雾防治。

2. 小麦红蜘蛛

当平均每 33 厘米行长小麦有螨 200 头时，每亩用 20%甲氰菊酯乳油 30 毫升或 40%马拉硫磷乳油 300 毫升或 1.8%阿维菌素乳油 8~10 毫升，兑水 30 千克喷雾防治。

3. 小麦吸浆虫

在抽穗至开花盛期，每亩用 4.5%高效氯氰菊酯乳油 15~20 毫升，或 2.5%溴氰菊酯乳油 15~20 毫升，兑水 50 千克喷雾防治。

（四）叶面喷肥

灌浆期叶面喷施 0.2%～0.3%磷酸二氢钾+1%～2%尿素或喷施宝、绿亨必多收等，促进小麦功能叶片光合高值持续期，提高小麦抗干热风的能力，防止早衰。

（五）一喷三防

为减少田间作业次数，提高工效，在孕穗期至灌浆期将杀虫剂、杀菌剂与磷酸二氢钾（或其他的预防干热风的植物生长调节剂、微肥）混配，叶面喷施，一次施药可达到防虫、防病、防干热风的目的。山东省小麦生育后期常发生的病虫害是白粉病、锈病、蚜虫，"一喷三防"的药剂可为，每亩用15%三唑酮粉剂 80~100 克、10%吡虫啉 10~15 克、磷酸二氢钾 100~150 克，兑水 50 千克叶面喷施。

（六）　收获

用联合收割机在蜡熟末期至完熟初期收获，麦秸还田。优质专用小麦单收、单打、单贮。

第四节　小麦宽幅精播高产高效栽培技术

当前，山东省小麦单产已达 400 千克/亩，地力水平和技术管理水平在不断提高，但小麦种植制度和种植方式与小麦单产提高和生产发展不相适应，小麦播种机械的发展滞后于小麦生产的发展。目前，小麦播种机有两大类型：一是外槽轮式排种器条播机，二是圆盘式单孔条播机，其共同点是籽粒入土出苗为一条线，无论播种量大小，籽粒都拥挤在一条线上，造成争肥、争水、争营养、根少、苗弱的生长状况。

大家都知道，一粒种子改变一个世界，同样一种机械也能改变传统的种植方式和种植制度。小麦宽幅精播机的示范与应用，打破了自1997年以来小麦单产徘徊不前的局面，试验示范5年来，最高亩产达到789.9千克（2009年），特别是在低温早、持续时间长的不利条件下，高产麦田单产仍达到765千克/亩，平均亩增产10%以上，得到了各地用户的赞誉，受到了省内外小麦专家的认可。2014年3月24日全国农业技术推广中心组织全国10省小麦主产区小麦专家和农业部小麦专家组到山东省滕州市、岱岳区两地小麦宽幅精播机播种麦田现场考察苗情长势，专家们一致认同小麦宽幅播种对籽粒分散、播种均匀、根系发育，麦苗健壮起到了良好的效果，解决了缺苗断垄和疙瘩苗的问题，同时也提出许多新的问题和改进意见。全国农业技术推广中心将小麦宽幅精播机及配套的高产高效栽培技术作为提升小麦产量的一项新技术措施在全国冬麦区进行示范推广。

一、小麦宽幅精播机的研制与创新

小麦宽幅精播机是山东农业大学农学院与郓城工力公司合作研制而成，自1996年以来，先后经过试验、示范、改进、提高4个阶段，已生产了4代产品，第1代为一垄双行无后轮镇压；第2代前2后4耧腿安装后带镇压轮；第3代单耧腿双管式，翻斗清机，换种方便；第4代为8行、9行多功能中大型小麦宽幅精播机。牵引动力 50 马力（1 马力 ≈735 瓦特）拖拉机配套作业，可 1 次完成筑埂、施肥、播种、镇压等全部工序。其中小麦 8 行，施肥 4 行，行距、畦宽可自行调整。小麦宽幅精播机来源于实践，运用到生产，并随着小麦生产的发展和用户对机械的要求逐步提高，在不断地改进、完善和提升。

小麦宽幅精量播种机的研制成功，将会推动传统小麦种植制度和种植方式的变革，是小麦生产中一次新的革新和小麦生产水平的又一次新的提高，对小麦生产前期促根苗、中期壮秆促成穗、后期抗倒攻籽粒具有至关重要的作用和效果。

（一）小麦宽幅精播机的使用与调整

1. 培训播种机手

首先要认真学习宽幅精播机使用说明书，熟悉播种机性能、可调节的部位、运行中的规律等，只有播种机手熟悉掌握了宽幅精播机机械性能和作业技能，才能有效地掌握播种量，播种深浅度，下种均匀度，才能提高播种质量，实现一播全苗的要求。

2. 选择牵引动力

例如，第 3 代 6 行小麦宽幅精播机应用 15～18 马力拖拉机进行牵引。

3. 调整行距

行距大小与地力水平、品种类型有直接关系，小麦宽幅精播机应根据当地生产条件自行调整。

4. 调整播量

（1）首先松开种子箱一端排种器的控制开关，然后转动手轮调整排种器的拨轮，当拨轮伸出 1 个窝眼排种孔时，播种量约为 3.5 千克/亩，前后两排窝眼排种孔应调整使数目一致，当播种量定为 7 千克/亩时，应调整前后两排 2 个窝眼排种孔，以此类推。播种量调整后，要把种子箱一端排种控制锁拧紧，否则会影响播种量。

（2）种子盒内毛刷螺丝拧紧，毛刷安装长短是影响播种量是否准确的关键，开播前一定要逐一检查，播种时一定要定期检查，当播到一定面积或毛刷磨短时应及时更换或调整毛刷，否则会影响播种量和播种出苗的均匀度。

（3）确定播种量最准确的方法是称取一定量的种子进行实地播种。

5. 播种深度

调整播种深度最好先把播种机开到地里空跑一圈，看一看各耧腿的深浅情况，然后再进行整机调整或单个耧腿调整。一般深度调整有整机调整、平面调整和单腿调整。所谓整机调整是在 6 行腿平面调整的基础上，调整拖拉机与播种机之间的拉杆；平面调整就是在地头路上把 6 行腿同落地上，达到各耧腿高度一致，然后固定"U"形螺圈；单腿调整就是单行腿深浅进行调整，特别是车轮后边耧腿要适当调深。

6. 翻斗清机，更换品种

前支架左右上方有两个控制种子斗的手柄，当播完一户或更换种子时，将两个控制手柄松开，让种子斗向后翻倒，方便清机换种。

（二）小麦宽幅精播机田间操作与调整

1. 整机检查

播种机出厂经过长途运输，安装好的部件在运输过程中易造成螺丝松动或错位等现象，机手在播种前应对购买的播种机进行"三看三查"：一看种子箱内 12 个排种器窝眼排种孔是否与播种量相一致，查一查排种开关是否锁紧，毛刷螺丝是否拧紧，排种器两端卡子螺丝是否拧紧；二看行距分布是否均匀，是否符合要求，查一查每腿的"U"形螺栓是否松动，排种塑料管是否垂直，有没有漏出耧腿或弯曲现象等；三看播种深浅度，查一查 6 行腿安装高度是否一致，开空车跑上一段，再一次进行整机调整和单耧腿调整，以达到深浅一致，下种均匀。

2. 严格控制播种速度

播种速度是播种质量的重要环节，速度过快易造成排种不匀、播量不准、行幅过宽、行垄过高等问题，建议播种时速为 2 档速较为适宜。

3. 秸秆还田地块的检查

对秸秆还田量较大或杂草多、湿度过黏的地块，播种时间应安排在下午，避免土壤湿度过大，造成壅土，影响正常播种。

关于小麦宽幅精播机使用过程中的问题：一是播种量调节幅度过大问题。设计者根据目前小麦生产情况设计的低量（1 个窝眼）小麦精量播种，基本苗在 8 万左右；中量（2 个窝眼）小麦半精播，基本苗在 14 万左右；高量（3 个窝眼）为传统播量，基本苗在 20 万以上。因为小麦生长周期长，自动调节性强，故应根据地力水平、播期时间等来确定适宜的播种量。在地力水平高、适期播种前提下，适当减少播种量，对产量是没有影响的。二是播种后出现复沟问题。由于当前小麦生产中多以旋耕为主，加上秸秆还田，往往造成播种过深，影响苗全苗壮，而宽幅播种后带有复沟，就解决了生产中深播苗弱的问题。

（三）宽幅精播机使用注意事项

1. 严禁倒退

播种机工作时，严禁倒退或急转弯，播种机的提升或降落时应缓慢进行，以免损伤机件。

2. 全面检查

使用前应检查各固件是否拧紧，各转动部位是否灵活，确保各部件状态良好。

3. 排种器检查

工作时排种器端部的锁紧螺母及各个排种器两端的固定卡不许松动，否则会影响播种量。机具在播种期间需重新调整播种量时，一定要把排种器壳内的种子清理干净再进行调整，否则，排种器播轮挤进种子后，将损坏排种器。

4. 润滑保养

每次作业前，对播种机的传动、转动部位，按说明书的要求加润滑油。

5. 注意机械保养

机具长期不用时，应将耧斗内的种子和化肥清理干净，各运动部件涂上防锈油，置于干燥处，不允许长期雨淋、暴晒。

二、小麦宽幅精播高产高效栽培技术

小麦宽幅精播高产高效栽培技术主要内容包括：小麦宽幅精量播种机播种；烯效唑干拌种；冬前小麦深耘断根；追施、喷施生物细菌有机肥等技术；选用高产优良品种；重视秸秆还田；加大肥料投入；分期足量施肥；足墒适期播种；

科学运筹肥水；重视麦田后期"一喷三防"，统防统治，降低成本，提高药效，延缓小麦后期植株早衰；实现穗数足、粒数多、粒重高、产量高的目标。

（一）小麦宽幅精播机播种的目标

实行小麦宽幅精播机播种旨在："扩大行距，扩大播幅，健壮个体，提高产量"。

一是扩大行距，改传统小行距（15~20厘米）密集条播为等行距（22~26厘米）宽幅播种，由于宽幅播种籽粒分散均匀，扩大小麦单株营养面积，有利于植株根系发达，苗蘖健壮，个体素质高，群体质量好，提高了植株的抗寒性、抗逆性。

二是扩大播幅，改传统密集条播籽粒拥挤一条线为宽播幅（8厘米）种子分散式粒播，有利于种子分布均匀，无缺苗断垄、无疙瘩苗，也克服了传统播种机密集条播造成的籽粒拥挤、争肥、争水、争营养、根少苗弱的生长状况。

（二）应用小麦宽幅精量播种机的优点

当前小麦生产多数以旋耕为主，造成土壤耕层浅，表层暄，容易造成小麦深播苗弱、失墒缺苗等现象。小麦宽幅精播机后带镇压轮，能较好的压实土壤，防止透风失墒，确保出苗均匀，生长整齐。

多数地方使用传统小麦播种机播种需要耙平，人工压实保墒，费工费时。另外，随着土杂肥的减少，秸秆还田量增多，传统小麦播种机行窄壅土，造成播种不匀，缺苗断垄。使用小麦宽幅播种机播种能一次性完成，质量好，省工省时；同时宽幅播种机行距宽，并且采取前2后4形耧腿脚安装，解决了因秸秆还田造成的播种不匀现象，小麦播种后形成波浪型沟垄，有利于集雨蓄水，墒足根多苗壮，也有利于培土压蘖，增根防倒，挡风防寒，确保麦苗安全越冬。

（三）有利于个体发育健壮，群体生长合理

宽幅精播小麦个体发育健壮，群体生长合理，无效分蘖少，两极分化快，植株生长干净利索；有利于地下与地上、个体与群体发育协调，同步生长，增强根系生长活力，充实茎秆坚韧度，改善群体冠层小气候条件，田间荫蔽时间短，通风透光，降低了田间温度，提高了营养物质向籽粒运输能力；有利于单株分蘖多，成穗率高，绿叶面积大，功能时间长，延缓了小麦后期整株衰老，落黄好；由于小麦宽幅精播健壮个体，有利于大穗型品种多成穗，多穗型品种成大穗，增加亩穗数，最终实现高产。

（四）足墒适期播种

高产麦田最适播期10月7—12日，播种量7~9千克/亩，行距为22~26厘米。重视耕耙时撒施毒饵治虫或药剂拌种防

虫，确保苗全苗壮。

（五）试用烯效唑干拌种

拌种方法，将麦种与烯效唑粉剂装入塑料袋内，上下混匀而成，浓度 100~300 毫克/千克。作用：植株矮健，叶色浓绿，叶片宽厚、短，分蘗早而多，根系发达，根活力强，增加亩穗数。

（六）提倡冬前深耘断根

深耘断根技术已有几十年的历史，但一直没有在生产中广泛应用，主要原因是没有相关机械，劳动强度大，新研制出的半自动式深耘机可以很好的解决这一问题。小麦深耘断根在冬前大群体旺苗麦田使用是增产的，有断老根、喷新根、深扎根、促进根系发育的作用，并能延缓根系衰老，增加穗粒数，提高千粒重，增加产量。深耘一般在 11 月下旬，群体达到 70 万以上时进行。深度 10~15 厘米，耘后将土搂平，压实，待 10~15 天后浇冬水，踏实土壤，防止透风冻苗，确保安全越冬。经过多年实验证明，在大群体情况下，冬前小麦深耘断根可使产量平均增加 14%，返青期深耘断根可增产 7.5%，起身期深耘断根可增产 5.9%。

（七）重视后期"一喷三防"，统防统治

最近几年连续试验了十几种不同类型的叶面肥，增产效

果不显著。但后期防治蚜虫不可轻视，一定要早预防，早防治，否则会严重影响产量。最好是组织机防专业队进行统防统治，提高药效，降低成本。蚜虫为害严重的麦田一般可减产 10% ~ 30%。

为进一步研究小麦宽幅精播机在小麦生产中的作用和效果，连续三年在不同生态区、不同土质条件下进行大区对比试验，从试验结果可以看出，小麦宽幅播种能有效促进个体健壮，提高群体质量，增加小麦产量。鄄城试验点小麦宽幅播种比传统播种方式增产 8.9%，滕州试验点增产 7.9%，临邑试验点增产 13.8%，平均增产 10.2%。

总之，小麦生产是一个系统工程，不可能利用某一项措施或技术就能获得高产，必须实行农艺与农机相结合，良种与良法相配套，采用综合配套措施，最大限度的发挥各种因素的增产潜力，从而实现小麦高产高效的目标。

第五节 小麦亩产 700 千克以上
主要技术经验

一、选用优质高产小麦良种

选用高产潜力大、分蘖力强、成穗率高、抗冻、抗病、抗倒伏的小麦品种，如济麦 22、鲁原 502、泰农 18 等，并精选好种子，搞好种子包衣或药剂拌种。2020 年秋种牡丹区十亩小麦高产攻关田全部选用济麦 22，平均实收亩产分别达到754.5 千克和 743.6 千克。从近两年的实践经验来看，想要获得亩产 700 千克以上的产量，小麦品种最好不要选用矮抗 58，因为矮抗 58 太矮，难有亩产 700 千克的高产潜力。

二、适期播种，适当增加播种量

播期 10 月 6—12 日，最晚不晚于 10 月 15 日。牡丹区小麦十亩高产攻关田播期（黄堽农作物原种场）10 月 11 日。每亩播种量 12~15 千克，基本苗 18 万~22 万。农作物原种场高产攻关田基本苗 19.8 万。

三、配方施肥，施足底肥

秋种整地时每亩底施配方肥 60~80 千克，农家肥 3 000 千克以上。同时，做到深耕细耙，精细整地。

农作物原种场十亩高产攻关田 10 月 4 日收获玉米，秸秆还田，10 月 9 日用旋耕机旋耕 2 遍，耕地前每亩底施配方肥（15-20-10）80 千克，商品有机肥 1 000 千克。

四、足墒播种、一播全苗

2020 年秋种期间，底墒充足，小麦播种后出苗整齐，苗全苗匀苗壮，是 2021 年小麦大旱之年夺取丰收的重要因素之一。

从 2020 年牡丹区小麦高产地块的成功经验来看，足墒播种、一播全苗是小麦创高产的关键措施之一。

五、推行宽幅播种机播种技术

适当缩小行距，扩宽播幅，行距 22~26 厘米，播幅由原来的 4~5 厘米扩宽达 8 厘米以上，使麦苗均匀分布，从而更利于麦苗个体发育和创建合理群体，充分利用光能和地力。

牡丹区实打的两块小麦，都是用宽幅播种机播种的，效果十分明显。尤其大穗型小麦品种，更应该推行宽幅播种技术。

六、春季氮肥后移、浇好"两水"

在施足底肥的基础上，春季小麦拔节后（4 月 2 日）亩追尿素 20 千克；在返青至拔节期浇水追肥的基础上，又适时浇了小麦孕穗扬花水。

农作物原种场小麦攻关田共浇 3 次水，冬水、返青水和抽穗水。前两次为喷灌（12 月 5 日和 2 月 19 日），浇水量较少，最后 1 次浇水为 5 月 3 日渠灌。

七、及时化控、除草

2 月 28 日喷洒苯磺隆化学除草 1 次。每亩用 10% 苯磺隆可湿性粉剂 20 克，兑水 25 千克喷洒 1 遍。

3 月 10 日叶面喷洒麦丰安化控剂 1 次。每亩用麦丰安 50 克，兑水 25 千克喷洒 1 遍。

八、推广小麦"一喷三防"技术

小麦获得好收成，小麦"一喷三防"技术的大面积推广功不可没。

原种场高产攻关田 4 月 29 日叶面喷施"吡虫啉+戊唑醇+多菌灵+叶霸"1 次，5 月 16 日和 5 月 30 日又分别喷施 1 次。

第六节　小麦宽幅精播高产栽培技术要点

一、小麦宽幅精播技术的特点

小麦宽幅精播技术是由中国工程院院士、山东农业大学教授余松烈牵头研究成功的一项小麦高产栽培技术。该项技术是在精量、半精量播种技术的基础上，以扩播幅、增行距、促匀播为核心，改密集条播为宽幅精播的农机和农艺相结合的高产栽培技术。小麦宽幅精播技术的主要特点如下。

一是扩大了播幅，将播幅由传统的3~5厘米扩大到7~8厘米，改传统条播籽粒一条线为宽幅分散式粒播，有利于种子分布均匀，提高出苗整齐度，无缺苗断垄、无疙瘩苗。

二是增加了行距，将行距由传统的15~20厘米增加到26~28厘米，较宽的行距有利于机械追肥，可以改变本区农民撒施的落后习惯，实行条施深施，既节省肥料，也提高了肥料利用率，同时较大的空间也促进了光能利用率提高。

三是播种机有镇压功能，能一次性镇压土壤，耙平压实；播后形成波浪型沟垄，增加雨水积累。

四是播量相对准确，一般亩播量控制在6~9千克，有利于培育健壮个体，构建合理群体，具有明显的增产效果。

五是农机与农艺配套，主要是通过使用小麦宽幅精播机配合该项技术的实施。

二、小麦宽幅精播机的特点

小麦宽幅播种机是山东农业大学余松烈院士和董庆裕教授与郓城县工力有限公司联合研制生产的，从 2006 年开始研制，2009 年获得国家专利。采用双管单腿开沟器，内装分离器（挡板），单孔单粒原轴式排种器，双排式安装，有镇压器。其最大的特点如下。

（一）性能好

按照规定量播种，播量准确，每亩地播量可调整为 6~9 千克。

（二）播幅宽

播幅 6~10 厘米，改密集条播为宽幅精播，播种均匀，籽粒分散，个体占地空间大，克服了籽粒入土争肥、争水的矛盾，有利于根多苗壮，弥补了传统播种机播种缺苗断垄现象，无疙瘩苗。

（三）行距大

行距 22~26 厘米，利于小麦个体健壮，群体合理，边际优势好，成穗率高，特别是后期绿叶面积大，功能期长，不早衰，落黄好，穗数多，粒大饱满，产量高。

（四）有镇压器

可以防止小麦籽粒悬空，促进营养和水分的吸收，提高抵御干旱和低温冻害的能力。

三、小麦宽幅精播栽培技术要点

（一）选用良种

选用具有高产潜力、抗逆性强、分蘖成穗率高、亩产能达 600~700 千克的高产优质中等穗型或多穗型品种，如济麦22、济南 17、泰农 18 等，对所选的地块要求地力水平高，土、肥、水条件良好。

（二）培肥地力

坚持测土配方施肥，重视秸秆还田，增施氮素化肥，培肥地力；采取有机无机肥料相结合，氮、磷、钾平衡施肥，增施微肥。全生育期亩追施纯氮（N）16 千克，磷（P_2O_5）7.5~12 千克，钾（K_2O）7.5 千克，硫酸锌 1 千克。将全部的有机肥、磷肥、钾肥和 50% 的氮肥，作为底肥一次性施入。

注意秸秆还田的地块可以不用追施钾肥。翌年，小麦拔节期再追施50%氮肥。化肥要深施，杜绝地表撒施。

（三）深耕深松、耕耙配套、防治地下害虫

因为近两年地下害虫增多，特别是金针虫为害严重，建议先用辛硫磷颗粒配制毒土，耕地时撒施，杜绝以旋代耕，至少要保证隔1~2年深耕1次。

（四）坚持适期足墒播种

播期在10月6—12日。播量在6~9千克。

（五）冬前合理运筹肥水

促控结合，化学除草，适时浇冬水，确保麦苗安全越冬。

（六）早春划锄增温保墒

提倡早春划锄增温保墒，返青初期搂枯黄叶扒苗清棵。

（七）氮肥适当后移，重视叶面喷肥

氮肥后移，叶面喷肥，延缓小麦植株衰老，最终达到调控群体与个体矛盾，协调穗、粒、重三者关系，以较高的生物产量和经济系数达到小麦高产的目标。

第七节　晚茬麦高产栽培技术

前茬作物为棉花、地瓜、花生和水稻的地块，由于前茬作物成熟较晚，无法适期播种，可采取如下栽培措施。

一、施足底肥，以肥补晚

晚茬麦由于播种偏晚，冬前生长时间短，有效积温少，整体表现苗小、苗弱、根少、分蘖少，甚至没有分蘖；春后发育快，穗分化时间短，由于苗小，又不宜过早进行水肥管理，所以要切实加大基肥的施用量，提高土壤中养分的有效供应，促进小麦多分蘖，多成穗，成大穗。

施肥方法：有机肥为主，化肥为辅，补施中微量元素。一般可亩施有机肥 1 000~1 500 千克，氮磷钾三元素复合肥80~100 千克，秸秆还田地块应适当增加氮肥用量。

二、选用良种，以种补晚

晚茬麦应选用半冬性或弱冬性小麦品种，这类品种发育进程较快，营养生长时间较短，灌浆强度较高，容易实现早熟丰产的目的。

增加播量，以密补晚。晚茬麦播种晚，冬前分蘖少甚至无分蘖，春季分蘖尽管成穗率高，但单株分蘖较正常播种麦田显著减少，继续采用常规播量无法达到高产创建所必需的穗数指标。因此，要增加播量，依靠主茎成穗是晚茬麦夺高产的关键。山东省晚茬麦在 10 月 15 日左右播种的，播种量一般掌握在 8 ~ 10 千克为宜；播期每推迟 1 天，播种量增加0.5 千克；10 月 25 日前后播种的，亩播量可提高到 15 ~ 20 千克，这样，基本苗在 30 万 ~ 40 万，最终亩成穗数基本不低于40 万，也可照样实现晚播高产。

三、提高质量，以好补晚

一是早腾茬，抢时早播。在基本不影响前茬作物产量的情况下，尽量争取早腾茬，早整地播种，最大限度减少积温损失，为小麦分蘖创造有利生育环境，力争小麦带蘖越冬。二是精细整地，足墒播种。前茬作物收获后，要抓紧整地播种，力争一播全苗；墒情不足地块及时在整地前浇水造墒，为抢时播种，也可在播种后立即浇小麦"蒙头水"，待墒情适宜时松土保墒，助苗出土。三是浸种催芽，适当浅播。为缩短小麦出苗时间，减少种子养分消耗，墒情适宜的条件下，可采取适当浅播的方式，播种深度一般掌握在 3~4 厘米为宜；

同时也可在播种前一天用 25℃ 左右温水浸种 5~6 小时，使种子吸足水分，然后捞出后晾干，拌种待播，这样小麦出苗时间可提早 2~3 天。

四、科学管理，促苗早发快长

1. 小麦返青期的管理

主要技术措施是划锄镇压，增温保墒，培育壮苗。

2. 起身拔节期的管理

重点是加强肥水管理，配合浇水亩施尿素 15~20 千克；对苗期较旺地块，肥水管理可适当推至小麦拔节期；群体偏少的麦田，小麦进入返青期就要及时追肥浇水，以促进春季分蘖和培育大蘖，确保成穗数。

3. 杨花至灌浆期的管理

浇好小麦灌浆水，预防后期干热风为害；结合以"一喷三防"，开展叶面追肥，提高小麦粒重。

第八节 小麦"一喷三防"技术

"一喷三防"技术是在小麦抽穗至灌浆期，将杀虫剂、杀菌剂、植物生长调节剂混配液喷施于小麦叶面，通过 1 次施药达到防病虫害、防干热风、防倒伏、防早衰、增加粒重的目的，实现增产增收的效果。

一、作用机理

一是强健植株，养根护叶。通过叶面喷施磷酸二氢钾、芸薹素内酯等叶面肥和植物生长调节剂，补充养分，提高抗逆性，起到养根护叶的作用。二是防病防虫，降低为害。通过叶面喷施杀菌剂，可有效防治小麦赤霉病、白粉病和叶锈等病虫害的发生侵染，减少对小麦叶片的为害。叶面喷施杀虫剂，可直接杀死蚜虫、吸浆虫等吸食汁液的害虫，降低虫口密度，减轻虫害对小麦叶片和麦穗造成的为害。三是延长灌浆时间，增加小麦粒重。芸薹素内酯等植物生长调节剂可提高根系活力，增强小麦根系的吸收功能，确保在小麦灌浆期保持良好的营养、水分供给。同时可减少叶片水分蒸发，延长叶片功能期，保证充足的光合作用，增强碳水化合物的积累和转化，提高小麦粒重，增加产量。

二、技术要点

穗期1次混合施药兼治多种防治对象，防病、防虫、防干热风，省工省时高效。防治白粉病、锈病，发病初期用

25%戊唑醇可湿性粉剂每亩 60～70 克，或用 20%三唑酮乳油每亩 50～75 毫升，兑水喷雾。防治麦蚜，发生初盛期用 10%吡虫啉可湿性粉剂每亩 20 克，或用 50%抗蚜威水分散粒剂每亩 15～20 克，或用 2.5%高效氯氟氰菊酯微乳剂每亩 10 毫升，兑水喷雾，可兼治灰飞虱、麦红蜘蛛。防治小麦吸浆虫，抽穗期即成虫发生盛期，每 10 复网次有成虫 25 头以上，或用两手扒开麦垄，一眼能看到 2 头以上成虫时，亩用 2.5%高效氯氟氰菊酯水乳剂 20～25 克，兑水喷雾。防早衰和干热风，可用 0.2%～0.3%磷酸二氢钾或 0.01%芸薹素内酯水剂每亩 1 000、2 000 倍液喷雾，也可用磷酸二氢钾和尿素每亩各 250 克混合喷雾。注意保护利用天敌控制麦蚜。当田间益害比达 1∶（80～100）或蚜茧蜂寄生率达 30%以上时，可不施药利用天敌控制蚜害。若益害比失调，应选用对天敌杀害作用小的药剂，如吡虫啉、啶虫脒等药剂。

三、防治方式

大力推行专业化统防统治。专业化统防统治是实现有害生物防治社会化服务的重要形式，可以提高防治效果，降低防治成本，减少农药污染，是确保农产品质量安全、生产安全和生态环境安全的有效措施，也是适应公共植保、绿色植保、科学植保的需要。

四、注意事项

严禁使用高毒有机磷农药和高残留农药及其复配品种。要根据病虫害的发生特点和发生趋势，选择适用农药，采取科学配方，进行均匀喷雾。

配制可湿性粉剂农药时，一定要先用少量水化开后再倒入施药器械内搅拌均匀，以免药液不匀导致药害。

小麦扬花期喷药时，应避开授粉时间，一般在 10 时以后进行喷洒，喷药后 6 小时内遇雨应补喷。

购买农药时一定要到三证齐全的正规门店选购，拒绝使用所谓改进型、复方类等不合格产品，以免影响防治效果。

小麦的"一喷三防"工作视具体情况进行 1~2 次，每亩 2 桶水。

第九节　小麦病虫草害防控技术

一、小麦绿色防控技术

1. 小麦主要病害

（1）纹枯病。小麦各生育期均可受害，造成烂芽、病苗枯死、花秆烂茎、枯株白穗等症状。病苗枯死，发生在 3～4 叶期，初仅第一叶鞘上现中间灰色、四周褐色的病斑，后因抽不出新叶而致病苗枯死；花秆烂茎，拔节后在基部叶鞘上形成中间灰色、边缘浅褐色的云纹状病斑，病斑融合后，茎基部呈云纹花秆状；枯株白穗，病斑侵入茎壁后，形成中间灰褐色、四周褐色的近圆形或椭圆形眼斑，造成茎壁失水坏死，最后病株因养分、水分供应不上而枯死，形成枯株白穗。此外，有时该病还可形成病健交界不明显的褐色病斑。

（2）白粉病。该病可侵害小麦植株地上部各器官，但以叶片和叶鞘为主，发病重时颖壳和芒也可受害。该病发生时，叶面出现 1～2 毫米的白色霉点，后逐渐扩大为近圆形至椭圆形白色霉斑，霉斑表面有一层白粉，遇有外力或振动立即飞散。这些粉状物就是该菌的菌丝体和分生孢子。后期病部霉层变为灰白色至浅褐色，病斑上散生有针头大小的小黑粒点，即病原菌的闭囊壳。

（3）赤霉病。在小麦开花至乳熟期，小穗颖片出现水渍状淡褐色斑点，进而扩展到全穗。气候潮湿时，感病小穗的基部出现粉红色胶黏霉层，后期产生煤屑状黑色颗粒。红色霉层是病菌的分生孢子座和分生孢子，黑色颗粒是病菌的子囊壳。

（4）全蚀病。苗期和成株期均可发病，以近成熟时病株症状最为明显。幼苗期病原菌主要侵染种子根、茎基部，使之变黑腐烂，部分次生根也受害。病苗基部叶片黄化，心叶内卷，分蘖减少，生长衰弱，严重时死亡；病苗返青推迟，矮小稀疏，根部变黑；拔节后茎基部 1、2 节叶鞘内侧和茎秆表面在潮湿条件下形成肉眼可见的黑褐色菌丝层，称为"黑脚"。

（5）根腐病。种子、幼芽、幼苗、成株根系、叶片、茎和穗都可受害，出现症状复杂多样。幼芽和幼苗的种子根变褐色，幼芽腐烂不能出土。出土幼苗近地面叶上散生圆形褐色病斑，严重时，病叶变黄枯死。芽鞘上生褐色条斑。成株根上的毛根和主根表皮脱落，根冠变褐色。茎基部出现褐色条斑，严重时，茎折断枯死。

叶上初生许多黑色小点，后扩大呈梭形，中部枯黄色，周围有褪绿晕圈。病斑两面出现黑色霉层，即病原菌的分生孢子梗和分生孢子。叶上病斑相连时，叶片枯死。穗部的颖壳基部变褐色，表面密生黑色霉层，穗轴和小穗轴常变褐色腐烂，小穗不实或种子不饱满。种子胚局部或全部变褐色形成"黑胚粒"，种子表面也生梭形或不规则形褐斑。

（6）锈病。小麦锈病有 3 种，分为小麦条锈病、小麦秆锈病、小麦叶锈病。3 种锈病的区别可用"条锈成行叶锈乱，秆锈是个大红斑"来概括。

①小麦条锈病：主要为害叶片，叶鞘、茎秆和穗部也可受害。苗期发病，幼苗叶片上产生多层轮状排列的鲜黄色夏孢子堆。成株期发病，叶片表面初期出现褪绿斑点，之后长出夏孢

子堆，夏孢子堆为小长条形，鲜黄色，椭圆形，与叶脉平行，且排列成行，呈线状；小麦近成熟时，叶鞘上出现圆形至卵圆形的夏孢子堆。夏孢子堆破裂散出鲜黄色的夏孢子。

②小麦秆锈病：主要为害叶鞘和茎秆，也可为害叶片和穗部。夏孢子堆大，长椭圆形，深褐色或黄褐色，排列不规则，散生，常连成大斑，成熟后表皮大片开裂且外翻成唇状，散出大量锈褐色粉状物。

③小麦叶锈病：病灶主要发生在叶片上，也能侵害叶鞘和茎秆。夏孢子堆圆形至长椭圆形，橘红色，比秆锈病菌夏孢子堆小，比条锈病菌夏孢子堆大，呈不规则散生，在初生夏孢子堆周围有时产生数个次生的夏孢子堆，多发生在叶片正面，少数可穿透叶片，在叶片正反两面同时形成夏孢子堆。夏孢子堆表皮开裂后，散出橘黄色的夏孢子。

2. 小麦主要虫害

（1）蚜虫。麦蚜俗称蜜虫、腻虫，属同翅目，蚜科。常见的麦蚜有麦长管蚜、麦二叉蚜及禾谷缢管蚜，常混合发生。麦蚜以成虫和若虫刺吸小麦茎、叶和嫩穗的汁液。小麦苗期受害，轻者叶色发黄、生长停滞、分蘖减少，重者麦株枯萎死亡。穗期受害，麦粒不饱满，严重时，麦穗干枯不结实，甚至全株死亡。此外，麦长管蚜和二叉蚜是黄矮病毒病的传病媒介，二叉蚜的传毒力最强。麦蚜除为害麦类外，还可为害玉米、高粱等作物。野生寄主有看麦娘、雀麦、马唐等。

（2）吸浆虫。以幼虫潜伏在颖壳内吸食正在灌浆的麦粒汁液，造成秕粒、空壳。小麦吸浆虫以幼虫为害花器、籽实或麦粒，是一种毁灭性害虫。我国的小麦吸浆虫主要有两种，即红吸浆虫和黄吸浆虫。

（3）麦蜘蛛。麦蜘蛛在小麦苗期吸食叶汁液。被害叶上初现许多细小白斑，以后麦叶变黄。麦株受害后，轻者影响生长，植株矮小，产量降低，重者麦株干枯死亡。为害小麦的麦蜘蛛主要有麦圆蜘蛛与麦长腿蜘蛛两种。麦圆蜘蛛为害盛期在小麦拔节阶段，小麦受害后及时浇水追肥，可显著减轻受害程度；麦长腿蜘蛛为害盛期在小麦孕穗至抽穗期，大发生时可造成严重减产。

（4）地下害虫。地下害虫主要有蛴螬、蝼蛄、金针虫3种。不同地块地下害虫种类和害虫数量不同，为害症状、为害程度及造成的损失也不同。蝼蛄以成虫或若虫咬食发芽种子和咬断幼根嫩茎，或咬成乱麻状使苗枯死，并在土表穿行活动成隧道，使根土分离而使植株枯死；蛴螬幼虫为害麦苗地下分蘖节处，咬断根茎使苗枯死；金针虫以幼虫咬食发芽种子和根茎，可钻入种子或根茎相交处，被害处为不整齐乱麻状，形成枯心苗以致全株枯死。

3. 麦田常见杂草

（1）播娘蒿。别称麦蒿，1年生草本。茎直立，高70~80厘米；有叉状毛或无毛，毛多生于下部茎叶上，向上渐少，下部常呈淡黄色。叶为三回羽状深裂，长 2~5 厘米，顶裂片长 2~10 毫米，宽 1~2 毫米；下部叶有柄，上部叶无柄。总状花序伞房状，在果期伸长；萼片直立，早落，背面有分叉细绒毛；花瓣黄色，长圆状倒卵形，长 2~3 毫米，或稍短于萼片，有爪；雄蕊 6，较花瓣长 1/3；长角果椭圆筒状，长 2~3 厘米，宽约 1毫米，无毛，果瓣中脉明显；果梗长 2 厘米，种子每室 1 行，长圆形，稍扁，淡红褐色，表面有细网纹。

（2）荠菜。1 年生或 2 年生草本，茎直立，单生或从下部分枝，有单毛或叉状毛；基生叶莲座状，大头羽裂，茎生叶基部抱茎；花白色；短角果，倒三角形。

（3）碱蓬。1 年生草本，茎直立，浅绿色；叶肉质丝状圆柱形；花序着生叶片基部，总花梗与叶柄合生成短枝状，形似花生叶柄上；花被片果期五角星状。生盐碱地。

（4）马齿苋。1 年生草本，全株无毛。茎平卧或斜倚，伏地铺散，多分枝。茎紫红色，叶互生，有时近对生，叶片扁平，肥厚，倒卵形，似马齿状，顶端圆钝或平截，有时微凹，基部楔形，全缘，上面暗绿色，下面淡绿色或带暗红色，中脉微隆起；叶柄粗短。花无梗，常 3~5 朵簇生枝端，花瓣5，稀 4。蒴果卵球形，长约 5 毫米，盖裂；种子细小，多数偏斜球形，黑褐色，有光泽。

（5）麦瓶草。1 年生草本，茎直立，单生或叉状分枝；基生叶匙形略肉质；萼齿裂，花柱 3；蒴果及子房基部 3

个室。

（6）盐芥。十字花科盐芥属植物物种，因生长于农田区的盐渍化土壤上而得名。1年生草本，叶片卵形或长圆形，全缘或具不明显、不整齐小齿；花序花时伞房状，花瓣白色，长圆状倒卵形，长角果线状，种子黄色，椭圆形。

（7）田旋花。多年生草本，近无毛。根状茎横走。茎平卧或缠绕，有棱。花3朵腋生；花梗细弱；苞片线性，与萼远离；萼片倒卵状圆形，无毛或被疏毛；缘膜质；花冠漏斗形，粉红色、白色，长约2厘米，外面有柔毛，褶上无毛，有不明显的5浅裂；雄蕊的花丝基部肿大，有小鳞毛；子房2室，有毛，柱头2，狭长。蒴果球形或圆锥状，无毛；种子椭圆形，无毛。

（8）雀麦。1年生，秆直立，丛生。叶鞘紧贴秆上，叶舌透明。圆锥花序开展，下垂，每节有3~7分枝，小穗含小花7~14，有芒。颖果压扁。

（9）牛筋草。1年生草本。根系极发达。秆丛生，基部倾斜。叶鞘两侧压扁而具脊，松弛，无毛或疏生疣毛；叶舌长约1毫米；叶片平展，线形，无毛或上面被疣基柔毛。穗状花序2~7个指状着生于秆顶，很少单生；小穗长4~7毫米，宽2~3毫米，含3~6小花；颖披针形，具脊，脊粗糙。囊果卵形，基部下凹，具明显的波状皱纹。

（10）节节麦。禾本科，1年生草本植物。秆高可达40

厘米。叶鞘紧密包茎，叶片微粗糙，上面疏生柔毛。穗状花序圆柱形，小穗圆柱形，有小花；外稃披针形，内稃与外稃等长，脊上具纤毛。

（11）猪殃殃。多枝、蔓生或攀缘状草本，通常高30~90厘米；茎有4棱角；棱上、叶缘、叶脉上均有倒生的小刺毛。叶纸质或近膜质，6~8片轮生，稀为4~5片，带状倒披针形或长圆状倒披针形，长1~5.5厘米，宽1~7毫米，顶端有针状凸尖头，基部渐狭，两面常有紧贴的刺状毛，常萎软状，干时常卷缩，1脉，近无柄。聚伞花序腋生或顶生，少至多花，花小，4朵，有纤细的花梗。

二、小麦病虫草害综合防治技术

预防为主，综合运用农业、生物及科学施药技术，大力开展病虫草专业化统防统治，精准施药，提高农药利用率，实现农药减量控害。

1. 着力加强病虫监测预警

在做好系统调查的基础上，进一步强化大田普查力度，全面、准确、及时地掌握病虫发生动态，适时会商分析，及时发布预警预报。同时，要加大病虫信息上传下达力度，确保病虫信息畅通。通过电视、网络等多媒体手段，扩大信息覆盖面，指导农民适时防治。

2. 大力推广综合防治技术

（1）加强健身栽培。结合春季麦田管理，把栽培措施与控制病虫草害有机地结合起来，适期划锄、追肥和浇水等丰产健身栽培技术，改善墒情，提高作物对病害的抗逆力，促苗早发，尤其是浇水振落可显著减轻麦蜘蛛发生为害。

（2）适时开展化学除草。冬前未开展除草的地块，要抓住小麦返青至拔节前这一防治适期，根据杂草优势种类科学选药，及时开展化学除草，拔节后不宜进行化学除草，以免对作物产生药害。对以双子叶杂草为主的麦田，可亩用75%苯磺隆水分散粒剂1克，或用6%双氟磺草胺·唑草酮可湿性粉剂，或用20%氯氟吡氧乙酸乳油50~60毫升，兑水喷雾防治；对以禾本科等单子叶杂草为主的麦田，可亩用70%氟唑磺隆水分散粒剂3~5克，兑水喷雾防治。双子叶和单子叶杂草混合发生的麦田可用以上药剂混合使用。小麦与棉花或花生间作套种的麦田化学除草不得使用苯氧羧酸类药剂，以防对棉花等双子叶作物造成药害。

（3）推广一次施药兼治多种病虫技术。小麦返青起身期是麦蜘蛛和地下害虫的为害盛期，也是纹枯病、全蚀病、根腐病等根病的侵染扩展高峰期。要以主要病虫为目标，选用有效杀虫剂与杀菌剂，1次施药兼治多种病虫，省工省时。

防治纹枯病、全蚀病等：可用25%戊唑醇可湿性粉剂每亩60~70克或5%井冈霉素水剂每亩100~200毫升，兑水50~

60 千克麦茎基部喷雾防治。

防治地下害虫：可用 40%辛硫磷乳油每亩 200~250 毫升或 48%毒死蜱乳油每亩 50~60 毫升，兑水 50~60 千克喷麦茎基部，或用 5%毒死蜱或辛硫磷颗粒剂每亩 1.5 千克、2.0 千克撒施后划锄浇水。

防治麦蜘蛛：可用 2.5%高效氯氟氰菊酯微乳剂每亩 40~50 毫升，或用 1.8%阿维菌素乳油 3 000 倍液，兑水 50~60 千克喷雾防治。

当病虫混合发生时，可采用以上药剂混合，1 次施药防治。

小麦扬花期，如连续降雨或潮湿多雾小麦赤霉病将严重发病。本着"早发现、早动员、早防治"的原则，大力做好小麦赤霉病的防控工作。小麦抽穗扬花期，若气象条件适宜，要主动出击，预防为主。可用 25%戊唑醇可湿性粉剂每亩 60~70 克，或用 25%氰烯菌酯悬浮剂每亩 50~100 毫升，或用 50%甲基硫菌灵可湿性粉剂每亩 75~100 克，兑水喷雾防治，若遇连阴雨天气，可间隔 5~7 天再喷 1 次，确保防治效果。

小麦病虫草害发生阶段性明显，可使用的药械种类较多，适宜专业化统防统治。特别适用于大面积发生和暴发性流行性病虫草害的防治，如大规模的化学除草和穗期"一喷三防"以及条锈病等的防治。要大力推行全程承包模式开展专业化统防防治，充分发挥专业化防治组织作用，及时有效的组织防控。

第十节　当前主推小麦品种

一、济麦22

审定编号：国审麦 2006018

选育者：山东省农业科学院作物研究所

品种来源：935024/935106

特征特性：半冬性，中晚熟，成熟期比对照石 4185 晚 1 天。幼苗半匍匐，分蘖力中等，起身拔节偏晚，成穗率高。株高 72 厘米左右，株型紧凑，旗叶深绿、上举，长相清秀，穗层整齐。穗纺锤形，长芒，白壳，白粒，籽粒饱满，半角质。平均亩穗数 40.4 万穗，穗粒数 36.6 粒，千粒重 40.4 克。茎秆弹性好，较抗倒伏。有早衰现象，熟相一般。抗寒性鉴定：抗寒性差。接种抗病性鉴定：中抗白粉病，中抗至中感条锈病，中感至高感秆锈病，高感叶锈病、赤霉病、纹枯病。2005 年、2006 年分别测定混合样：容重 809 克/升、773 克/升，蛋白质（干基）含量 13.68%、14.86%，湿面筋含量 31.7%、34.5%，沉降值 30.8 毫升、31.8 毫升，吸水率 63.2%、61.1%，稳定时间 2.7 分钟、2.8 分钟，最大抗延阻力 196E. U. 、238E. U. ，拉伸面积 45 平方厘米、58 平方厘米。

产量表现：2004—2005 年度参加黄淮冬麦区北片水地组品种区域试验，平均亩产 517.06 千克，比对照石 4185 增产 5.03%（显著）；2005—2006 年度续试，平均亩产 519.1 千克，比对照石 4185 增产 4.30%（显著）。2005—2006 年度生产试验，平均亩产 496.9 千克，比对照石 4185 增产 2.05%。

栽培技术要点：适宜播期 10 月上旬，播种量不宜过大，每亩适宜基本苗 10 万~15 万。

适应地区：适宜在黄淮冬麦区北片的山东省、河北省南部、山西省南部、河南省安阳市和濮阳市的水地种植。

二、鲁原 502

审定编号：国审麦 2011016

育种者：山东省农业科学院原子能农业应用研究所、中国农业科学院作物科学研究所

品种来源：采用航天突变系优选材料 9940168 为亲本选育

特征特性：半冬性中晚熟品种，成熟期平均比对照石 4185 晚熟 1 天左右。幼苗半匍匐，长势壮，分蘖力强。区试田间试验记载冬季抗寒性好。亩成穗数中等，对肥力敏感，

高肥水地亩成穗数多，肥力降低，亩成穗数下降明显。株高76厘米，株型偏散，旗叶宽大，上冲。茎秆粗壮、蜡质较多，抗倒性较好。穗较长，小穗排列稀，穗层不齐。成熟落黄中等。穗纺锤形，长芒，白壳，白粒，籽粒角质，欠饱满。亩穗数39.6万穗，穗粒数36.8粒，千粒重43.7克。抗寒性鉴定：抗寒性较差。抗病性鉴定：高感条锈病、叶锈病、白粉病、赤霉病、纹枯病。2009年、2010年品质测定结果分别为：籽粒容重794克/升、774克/升，硬度指数67.2（2009年），蛋白质含量13.14%、13.01%；面粉湿面筋含量29.9%、28.1%，沉降值28.5毫升、27毫升，吸水率62.9%、59.6%，稳定时间5分钟、4.2分钟，最大抗延阻力236E.U.、296E.U.，延伸性106毫米、119毫米，拉伸面积35平方厘米、50平方厘米。

产量表现：2008—2009年度参加黄淮冬麦区北片水地组品种区域试验，平均亩产558.7千克，比对照石4185增产9.7%；2009—2010年度续试，平均亩产537.1千克，比对照石4185增产10.6%。2009—2010年度生产试验，平均亩产524.0千克，比对照石4185增产9.2%。

栽培技术要点：适宜播种期10月上旬，每亩适宜基本苗13万~18万。加强田间管理，浇好灌浆水。及时防治病虫害。

适应地区：适宜在黄淮冬麦区北片的山东省、河北省中南部、山西省中南部高水肥地块种植。

三、良星 77

审定编号：鲁农审 2010069 号

育种者：山东良星种业有限公司

品种来源：系济 991102 与济 935031 杂交

特征特性：半冬性，幼苗半直立。两年区域试验结果平均：生育期 238 天，与济麦 19 相当；株高 74.0 厘米，叶色深绿，旗叶上冲，株型紧凑，抗倒伏，熟相较好；亩最大分蘖 107.3 万，有效穗 42.3 万，分蘖成穗率 39.6%；穗纺锤形，穗粒数 33.3 粒，千粒重 44.1 克，容重 789.9 克/升；长芒、白壳、白粒，籽粒较饱满、硬质。抗病性鉴定结果：中抗条锈病，叶锈病近免疫，中感白粉病和纹枯病，高感赤霉病。2009—2010 年度生产试验统一取样经农业部谷物品质监督检验测试中心（泰安）测试：籽粒蛋白质含量 12.9%，湿面筋 38.1%，沉淀值 34.5 毫升，吸水率 63.0 毫升/100 克，稳定时间 3.3 分钟，面粉白度 76.7。

产量表现：在山东省小麦品种高肥组区域试验中，2007—2008 年度平均亩产 570.15 千克，比对照品种潍麦 8 号增产 4.95%，2008—2009 年度平均亩产 589.18 千克，比对照品种济麦 19 增产 6.50%；2009—2010 年度生产试验平均亩产 564.94 千克，比对照品种济麦 22 增产 7.44%。

栽培要点：适宜播期 10 月 5—10 日，每亩基本苗 15 万~18 万。注意防治赤霉病。

适应地区：在山东省高肥水地块种植利用。

四、济南 17

审定编号：鲁种审字第 0262-2 号

育种者：山东省农业科学院作物研究所

品种来源：临汾 5064 为母本，鲁麦 13 号为父本杂交，系统选育而成

特征特性：半冬性，幼苗半匍匐，分蘖力强，成穗率高，叶片上冲，株型紧凑，株高 77 厘米，穗纺锤形、顶芒、白壳、白粒、硬质，千粒重 36 克，容重 748.9 克/升，较抗倒伏，中感条锈病、叶锈病和白粉病。品质优良，达到了国家面包小麦标准。落黄性一般。

产量表现：该品种参加了 1996—1998 年度山东省小麦高肥乙组区域试验，两年平均亩产 502.9 千克，比对照鲁麦 14 号增产 4.52%，居第一位；1998 年高肥组生产试验平均亩产 471.25 千克，比对照增产 5.8%。

适宜范围：在山东省中高肥水作为强筋专用小麦品种推广种植。

五、良星66

审定编号：国审麦 2008010

育种者：山东良星种业有限公司

品种来源：济 91102/济 935031 选育而成

特征特性：幼苗半匍匐，叶色深绿，苗期长势强，分蘖力较强，两极分化快，成穗率高，成熟期比对照石 4185 晚0.9 天。株高 77 厘米左右，株型紧凑，茎秆弹性好，旗叶略宽上举，长相清秀。穗层整齐，穗纺锤形，长芒，白壳，白粒，籽粒角质，饱满度中等。平均亩穗数 44.0 万穗，穗粒数36.6 粒，千粒重 39.7 克。抗倒性好。抗干热风，落黄好。抗寒性鉴定：抗寒性好。抗病性鉴定：高抗白粉病，中抗秆锈病，慢条锈病，中感纹枯病，高感叶锈病、赤霉病。2007 年、2008 年分别测定混合样：容重 791 克/升、816 克/升，蛋白质（干基）含量 14.12%、14.3%，湿面筋含量 33.4%、31.4%，沉降值 31.5 毫升、29.6 毫升，吸水率 61.9%、58.8%，稳定时间 2.7 分钟、3.0 分钟，最大抗延阻力234E. U.、272E. U.，延伸性 16.3 厘米、16.4 厘米，拉伸面积55 平方厘米、64 平方厘米。

产量表现：2006—2007 年度参加黄淮冬麦区北片水地组品种区域试验，平均亩产 546.5 千克，比对照石 4185 增产

5.3%；2007—2008 年度续试，平均亩产 551.2 千克，比对照石 4185 增产 6.82%。2007—2008 年度生产试验，平均亩产 523.2 千克，比对照石 4185 增产 6.58%。

栽培技术要点：精播地块每亩基本苗 10 万~12 万，半精播地块每亩基本苗 15 万~20 万，晚播适当加大播量。注意防治蚜虫、叶锈病、赤霉病。

适应地区：适宜在黄淮冬麦区北片的山东省、河北省中南部、山西省南部、河南省安阳市水地种植。

六、菏麦 19

审定编号：鲁农审 2016003 号

育种者：山东省菏泽市科源种业有限公司

品种来源：常规品种。烟农 19 为母本，临汾 139 为父本杂交，系统选育而成

特征特性：冬性，幼苗半直立。株型半紧凑，叶色深绿，较抗倒伏，熟相好。两年区域试验结果平均：生育期比济麦 22 晚熟近 1 天；株高 78.3 厘米，亩最大分蘖 100.8 万，亩有效穗 42.9 万，分蘖成穗率 42.6%；穗纺锤形，穗粒数 35.2 粒，千粒重 44.7 克，容重 790.0 克/升；长芒、白壳、白粒，籽粒饱满度中等、硬质。2015 年中国农业科学院植物保护研究所接种抗病鉴定结果：中抗白粉病，高感条锈病、叶锈病、

赤霉病和纹枯病。越冬抗寒性好。2013 年、2014 年区域试验统一取样经农业部谷物品质监督检验测试中心（泰安）测试结果平均：籽粒蛋白质含量 14.5%，湿面筋 33.1%，沉淀值 32.8 毫升，吸水率 59.6 毫升/100 克，稳定时间 4 分钟，面粉白度 75.8。

产量表现：在 2012—2014 年度山东省小麦品种高肥组区域试验中，两年平均亩产 598.68 千克，比对照品种济麦 22 增产 5.93%；2014—2015 年度高肥组生产试验，平均亩产 586.01 千克，比对照品种济麦 22 增产 5.55%。

栽培技术要点：适宜播期 10 月 5—15 日，每亩基本苗 15 万~18 万。注意防治蚜虫、条锈病、叶锈病、赤霉病和纹枯病。其他管理措施同一般大田。

七、济麦 44

审定编号：鲁审麦 20180018

育种者：山东省农业科学院作物研究所

品种来源：常规品种，系 954072 与济南 17 杂交后选育

特征特性：冬性，幼苗半匍匐，株型半紧凑，叶色浅绿，旗叶上冲，抗倒伏性较好，熟相好。两年区域试验结果平均：生育期 233 天，比对照济麦 22 早熟 2 天；株高 80.1 厘米，亩最大分蘖 102.0 万，亩有效穗 43.8 万，分蘖成穗率 44.3%；

穗长方形，穗粒数 35.9 粒，千粒重 43.4 克，容重 788.9 克/升；长芒、白壳、白粒，籽粒硬质。2017 年中国农业科学院植物保护研究所接种鉴定结果：中抗条锈病，中感白粉病，高感叶锈病、赤霉病和纹枯病。越冬抗寒性较好。2016 年、2017 年区域试验统一取样经农业部谷物品质监督检验测试中心（泰安）测试结果平均：籽粒蛋白质含量 15.4%，湿面筋 35.1%，沉淀值 51.5 毫升，吸水率 63.8 毫升/100 克，稳定时间 25.4 分钟，面粉白度 77.1，属强筋品种。

产量表现：在 2015—2017 年度山东省小麦品种高肥组区域试验中，两年平均亩产 603.7 千克，比对照品种济麦 22 增产 2.3%；2017—2018 年度高产组生产试验，平均亩产 540.0 千克，比对照品种济麦 22 增产 1.2%。

栽培技术要点：适宜播期 10 月 5—15 日，每亩基本苗 15 万~18 万。注意防治叶锈病、赤霉病和纹枯病。其他管理措施同一般大田。

适宜区域：山东省高产地块种植利用。

八、菏麦 21

审定编号：鲁审麦 20180015

育种者：山东科源种业有限公司

品种来源：常规品种，系矮抗 58 与济麦 19 号杂交后

选育

特征特性：半冬性，幼苗半匍匐，株型紧凑，叶色浓绿，旗叶上举，抗倒伏性较好，熟相好。两年区域试验结果平均：生育期235天，熟期与对照济麦22相当；株高80.9厘米，亩分蘖104.3万，亩有效穗45.5万，分蘖成穗率44.7%；穗长方形，穗粒数37.4粒，千粒重41.9克，容重792.5克/升；长芒、白壳、白粒，籽粒硬质。2017年中国农业科学院植物保护研究所接种鉴定结果：高抗条锈病，高感叶锈病、白粉病、赤霉病和纹枯病。越冬抗寒性较好。2016年、2017年区域试验统一取样经农业部谷物品质监督检验测试中心（泰安）测试结果平均：籽粒蛋白质含量14.0%，湿面筋37.4%，沉淀值29.0毫升，吸水率63.1毫升/100克，稳定时间3.1分钟，面粉白度74.9。

产量表现：在2015—2017年度山东省小麦品种高肥组区域试验中，两年平均亩产612.6千克，比对照品种济麦22增产4.2%；2017—2018年度高产组生产试验，平均亩产553.2千克，比对照品种济麦22增产3.6%。

栽培技术要点：适宜播期10月10日左右，每亩基本苗20万左右。注意防治叶锈病、白粉病、赤霉病和纹枯病。其他管理措施同一般大田。

适宜区域：山东省高产地块种植利用。

九、山农 29

审定编号：国审麦 2016024。

育种者：山东农业大学

品种来源：用临麦 6 号/J1781（泰农 18 姊妹系）作亲本选育的半冬性常规小麦品种

特征特性：山农 29 全生育期 242 天，与对照品种良星 99 熟期相当。幼苗半匍匐，分蘖力中等，成穗率高，穗层整齐，穗下节短，茎秆弹性好，抗倒性较好。株高 79 厘米，株型较紧凑，旗叶上举，后期干尖略重，茎秆有蜡质，熟相中等。穗近长方形，小穗排列紧密，长芒，白壳，白粒，籽粒角质、饱满度较好。亩穗数 46.1 万，穗粒数 33.8 粒，千粒重 44.5 克。抗性鉴定：抗寒性级别 1 级，慢条锈病，中感白粉病，高感叶锈病、赤霉病和纹枯病。品质检测：籽粒容重 797 克/升，蛋白质含量 13.47%，湿面筋含量 28.6%，沉降值 29.7 毫升，吸水率 57.6%，稳定时间 4.7 分钟，最大拉伸阻力 300E. U.，延伸性 133 毫米，拉伸面积 56 平方厘米。

产量表现：2012—2013 年度参加黄淮冬麦区北片水地组区域试验，平均亩产 521.4 千克，比对照品种良星 99 增产 4.7%；2013—2014 年度续试，平均亩产 620.0 千克，比良星 99 增产 6.4%。2014—2015 年度生产试验，平均亩产 611.5

千克，比良星99增产6.9%。

栽培技术要点：适宜播种期10月上旬，每亩适宜基本苗18万~22万。注意防治蚜虫、叶锈病、赤霉病和纹枯病等病虫害。

适种地区：黄淮冬麦区北片的山东省、河北省中南部、山西省南部水肥地块。

十、山农30

审定编号：国审麦20170019

育种者：山东农业大学

品种来源：泰农18/临麦6号作亲本杂交选育的半冬性常规小麦品种

特征特性：半冬性，全生育期241天，与对照品种良星99熟期相当。幼苗半匍匐，叶色中绿，抗寒性好，分蘖力中等。株高82厘米，株型半紧凑，旗叶上举，茎秆较硬，抗倒性一般。穗近长方形、白壳、长芒、白粒，籽粒半角质，饱满度较好。亩穗数36.6万，穗粒数39.7粒，千粒重47.8克。抗病性鉴定：中抗条锈病，中感纹枯病，高感叶锈病、白粉病、赤霉病。品质检测：容重824克/升，蛋白质含量12.98%，湿面筋含量27.1%，稳定时间4.2分钟。

产量表现：2013—2014年度参加黄淮冬麦区北片水地组

89

品种区域试验，平均亩产 595.4 千克，比对照良星 99 增产 2.7%；2014—2015 年度续试，平均亩产 587.2 千克，比良星 99 增产 4.8%。2015—2016 年度生产试验，平均亩产 608.1 千克，比良星 99 增产 5.6%。

栽培技术要点：适宜播种期 10 月上中旬，每亩适宜基本苗高水肥地 18 万左右，晚播应适当增加播种量。注意防治蚜虫、赤霉病、叶锈病、白粉病和纹枯病等病虫害。

适种地区：适宜黄淮冬麦区北片的山东省、河北省中南部、山西省南部水肥地块种植。

十一、烟农 1212

审定编号：冀审麦 20198008

育种者：河北粟神种子科技有限公司、山东省烟台市农业科学研究院

品种来源：烟 5072/石 94-5300 杂交后选育而成

特征特性：该品种属半冬性中熟品种，生育期 235 天左右。幼苗半匍匐，叶色深绿色，分蘖力中等。成株株型半紧凑、株高 74 厘米左右。亩穗数 40 万左右。穗棍棒形，长芒，白壳，白粒，半硬质，籽粒饱满。穗粒数 32.9 个，千粒重 41.1 克。熟相好。抗倒性好。抗寒性中等。2018 年河北省农作物品种品质检测中心测定：粗蛋白质（干基）14.0%，湿

面筋（14%湿基）32.7%，吸水量55.8毫升/100克，稳定时间3.2分钟，最大拉伸阻力185E. U.，拉伸面积39平方厘米，容重775克/升。河北省农林科学院植物保护研究所抗病性鉴定结果：2016—2017年度高抗条锈病，高抗叶锈病，中抗白粉病，高感赤霉病；2017—2018年度高抗条锈病，中抗叶锈病，高抗白粉病，高感赤霉病，中感纹枯病。

产量表现：2016—2017年度河北小麦新品种创新联盟冀中南水地组区域试验，平均亩产623.7千克；2017—2018年度同组区域试验，平均亩产444.3千克。2017—2018年度生产试验，平均亩产438.4千克。

栽培技术要点：适宜播种期为10月5—15日，亩播种量11.5~12.5千克，晚播适当加大播量。足墒播种，播后镇压。亩施磷酸二铵30千克、尿素10~20千克做底肥，起身拔节期结合浇水亩追施25千克尿素。全生育期在起身拔节期和灌浆初期灌溉两次为宜，忌灌浆后期浇水。加强中后期小麦吸浆虫、蚜虫的综合防治，做到"一喷综防"。

适应地区：适宜在河北省中南部冬麦区中高水肥地块种植。

十二、鑫麦296

审定编号：国审麦2014011

育种者：山东鑫丰种业有限公司

品种来源：935031/鲁麦 23 杂交后选育

特征特性：半冬性晚熟品种，平均全生育期 243 天，与对照良星 99 相当。幼苗偏直立，冬季抗寒性较好。分蘖力中等偏弱，成穗率较高，亩穗数适中。不耐高温，落黄一般。株高 78 厘米，茎秆粗壮，弹性较好，抗倒性较好。株型较紧凑，旗叶较上冲，叶色较深，株间透光性好，穗层整齐。穗近长方形，小穗排列紧密，结实性好，长芒，白壳，白粒，角质。两年区域试验，平均亩穗数 42.5 万穗，穗粒数 37.7 粒，千粒重 39.0 克。抗寒性鉴定：抗寒性级别 1~2 级，抗寒性较好。抗病性鉴定：中抗条锈病和白粉病、高感叶锈病、赤霉病和纹枯病。品质混合样测定：籽粒容重 792 克/升，蛋白质（干基）含量 14.9%，硬度指数 68，面粉湿面筋含量 32.3%，沉降值 40.9 毫升，吸水率 60%，面团稳定时间 3.5 分钟，最大抗延阻力 263E.U.，延伸性 158 毫米，拉伸面积 60 平方厘米。

产量表现：2011—2012 年度参加黄淮冬麦区北片水地组区域试验，平均亩产 519.6 千克，比对照良星 99 增产 3.4%；2012—2013 年度续试，平均亩产 522.6 千克，比良星 99 增产 5.5%。2013—2014 年度参加生产试验，平均亩产 597.5 千克，比良星 99 增产 7.5%。

栽培技术要点：10 月上中旬播种，亩基本苗 15 万 ~20

万；拔节孕穗肥亩施尿素 10 千克；注意防治叶锈病、赤霉病和纹枯病。

适应地区：黄淮冬麦区北片的山东省、河北省中南部、山西省南部冬麦区高水肥地块。

十三、丰德存麦 20

审定编号：豫审麦 20180030

育种者：河南丰德康种业有限公司

品种来源：存麦 8 号/百农 AK58

特征特性：半冬性品种，全生育期 230～232 天，平均比对照品种周麦 18 熟期略早。幼苗半直立，苗期叶片窄长，叶色浓绿，苗势较壮，分蘖力一般。春季起身拔节略迟，两极分化快，苗脚利索，抽穗晚，耐倒春寒能力一般。株高70.7～75.8 厘米，株型松紧适中，茎秆蜡质重、弹性好，抗倒性较好。旗叶宽短、上冲，穗下节较短，穗层整齐。叶功能期长，较耐后期高温。穗纺锤形，小穗排列较密，结实性较好，长芒，白壳，白粒，籽粒半角质，饱满度中等。亩穗数39.7 万～40.6 万，穗粒数 34.5～36.4 粒，千粒重 42.7～44.2克。抗病鉴定：中感条锈病、叶锈病和白粉病，高感纹枯病和赤霉病。品质鉴定：2016 年检测，蛋白质含量 12.83%，容重764 克/升，湿面筋含量 25.6%，降落数值 400 秒，沉淀指数

72 毫升，吸水量 56.1 毫升/100 克，形成时间 1.7 分钟，稳定时间 11.4 分钟，弱化度 35F.U.，出粉率 71.6%，硬度 65H.I.，延伸性 143 毫米，最大拉伸阻力 530E.U.，拉伸面积 98 平方厘米；2017 年检测，蛋白质含量 14.70%，容重 789 克/升，湿面筋含量 29.1%，降落数值 444 秒，沉淀指数 65 毫升，吸水量 53.2 毫升/100 克，形成时间 8.2 分钟，稳定时间 12.2 分钟，弱化度 45F.U.，出粉率 66.7%，硬度 65H.I.，延伸性 120 毫米，最大拉伸阻力 482E.U.，拉伸面积 74 平方厘米。

产量表现：2015—2016 年度参加河南省小麦冬水组区域试验，增产点率 91.7%，平均亩产 552.3 千克，比对照增产 6.3%；2016—2017 年度续试，增产点率 92.3%，平均亩产 537.9 千克，比对照增产 4.9%；2016—2017 年度生产试验，增产点率 71.4%，平均亩产 550.7 千克，比对照增产 5.4%。

栽培技术要点：适宜播种期 10 月上中旬，每亩适宜基本苗 18 万~22 万。注意防治蚜虫、条锈病、叶锈病、白粉病、赤霉病和纹枯病等病虫害。

适应地区：适宜河南省（南部长江中下游麦区除外）早中茬地种植。

十四、北农 207

审定编号：国审麦 2013010

育种者：河南百农种业有限公司、河南华冠种业有限公司

品种来源：周 16/百农 64 选育而成

特征特性：半冬性中晚熟品种，全生育期 231 天，比对照周麦 18 晚熟 1 天。幼苗半匍匐，长势旺，叶宽大，叶深绿色。冬季抗寒性中等。分蘖力较强，分蘖成穗率中等。早春发育较快，起身拔节早，两极分化快，抽穗迟，耐倒春寒能力中等。中后期耐高温能力较好，熟相好。株高 76 厘米，株型松紧适中，茎秆粗壮，抗倒性较好。穗层较整齐，旗叶宽长、上冲。穗纺锤形，短芒，白壳，白粒，籽粒半角质，饱满度一般。平均亩穗数 40.2 万穗，穗粒数 35.6 粒，千粒重41.7 克。抗病性接种鉴定：高感叶锈病、赤霉病、白粉病和纹枯病，中抗条锈病。品质混合样测定：容重 810 克/升，蛋白质含量 14.52%，硬度指数 64.0，面粉湿面筋含量 34.1%，沉降值 36.1 毫升，吸水率 58.1%，面团稳定时间 5.0 分钟，最大拉伸阻力 311E.U.，延伸性 186 毫米，拉伸面积 81 平方厘米。

产量表现：2010—2011 年度参加黄淮冬麦区南片冬水组品种区域试验，平均亩产 584.1 千克，比对照周麦 18 增产3.9%；2011—2012 年度续试，平均亩产 510.3 千克，比周麦18 增产 5.3%。2012—2013 年度生产试验，平均亩产 502.8千克，比周麦 18 增产 7.0%。

栽培技术要点：10 月 8—20 日播种，亩基本苗 12 万～20 万。注意防治纹枯病、白粉病和赤霉病等病虫害。

适应地区：适宜黄淮冬麦区南片的河南省中北部、安徽省北部、江苏省北部、陕西省关中地区高中水肥地块早中茬种植。

十五、济麦 60

审定编号：鲁审麦 20180023

育种者：山东省农业科学院作物研究所

品种来源：常规品种，系 037042 与济麦 20 杂交后选育

特征特性：半冬性，幼苗半匍匐，株型半紧凑，叶色深绿，叶片上举，抗倒伏性较好，熟相好。两年区域试验结果平均：生育期 229 天，熟期与对照鲁麦 21 号相当；株高 74.8 厘米，亩最大分蘖 88.4 万，亩有效穗 38.5 万，分蘖成穗率 43.3%；穗纺锤形，穗粒数 35.4 粒，千粒重 41.5 克，容重 789.1 克/升；长芒、白壳、白粒，籽粒硬质。2017 年中国农业科学院植物保护研究所接种鉴定结果：慢条锈病，高感叶锈病、白粉病、赤霉病和纹枯病。越冬抗寒性较好。2016 年、2017 年区域试验统一取样经农业部谷物品质监督检验测试中心（泰安）测试结果平均：籽粒蛋白质含量 13.2%，湿面筋 36.4%，沉淀值 30.5 毫升，吸水率 64.1 毫升/100 克，稳定

时间 3.4 分钟，面粉白度 73.4。

产量表现：在 2015—2017 年度山东省小麦品种旱地组区域试验中，两年平均亩产 460.8 千克，比对照品种鲁麦 21 号增产 4.4%；2017—2018 年度旱地组生产试验，平均亩产 440.5 千克，比对照品种鲁麦 21 号增产 7.3%。

栽培技术要点：适宜播期 10 月 5—15 日，每亩基本苗 15 万~18 万。注意防治叶锈病、白粉病、赤霉病和纹枯病。其他管理措施同一般大田。

适宜区域：山东省旱肥地种植利用。

十六、济麦 229

审定编号：鲁农审 2016007 号

育种者：山东省农业科学院作物研究所

品种来源：藁城 9411×济 200040919

特征特性：该品种属半冬性，幼苗半匍匐，植株繁茂性较好，株型半紧凑，平均株高 82 厘米左右，穗纺锤形，小穗排列紧密，长芒，白粒，角质。成熟期较济麦 22 早 2~3 天。两年山东省高肥组区试中，平均亩穗数 44.5 万穗，穗粒数 38.6 粒，千粒重 36.7 克。在自然条件下，该品种感白粉病和锈病，应注意防治。品质测定：2013 年区试混样测试，容重 804 克，籽粒蛋白质含量 14.9%，湿面筋 32.3%，沉降值

41.8 毫升，吸水率 56.6%，形成时间 2.3 分钟，稳定时间 14.2 分钟；2014 年区试混样测试，容重 819 克，籽粒蛋白质含量 15.2%，湿面筋 31.5%，沉降值 43 毫升，吸水率 57.8%，形成时间 3.5 分钟，稳定时间 24.8 分钟。属优质强筋小麦。

产量表现：2012—2013 年度山东省水地组区域试验中，平均亩产 532.05 千克，较对照济麦 22 减产 0.95%；在 2013—2014 年度山东省水地组区域试验中，平均亩产 592.14 千克，较对照减产 0.84%。两年平均亩产 563.21 千克，较对照减产 0.89%。2014—2015 年度山东省水地组生产试验中，平均亩产 560.43 千克，较对照增产 0.94%。

栽培技术要点：适宜播期 10 月 5—15 日（平均气温 14~16℃）；基本苗 6 万~10 万/亩（该品种分蘖力较强播量不宜过大），播深 3~4 厘米。冬前浇好冬水，搞好化学除草。春季肥水适当后移；后期搞好"一喷三防"，及时防治白粉病、蚜虫等病虫害。

适宜种植地区：济麦 229 适宜山东省中等和高肥力地块种植。

十七、藁优 5766

审定编号：冀审麦 2014002 号

育种者：藁城市农业科学研究所

品种来源：030728/8901-11-14

特征特性：该品种属半冬性中熟品种，平均生育期 241 天。幼苗半匍匐，叶片绿色，分蘖力较强。成株株型较松散，株高 67.7 厘米。穗棍棒形，长芒，白壳，白粒，硬质，籽粒饱满。亩穗数 41.8 万，穗粒数 35.5 个，千粒重 39.1 克，容重 815.6 克/升。抗倒性一般，抗寒性与师栾 02-1 相当。经河北省农林科学院植物保护研究所抗病性鉴定：2010—2011 年度免疫条锈病，中抗叶锈病，中感白粉病；2011—2012 年度高抗叶锈病，中感条锈病，高感白粉病。品质测定：2011 年农业部谷物及制品质量监督检验测试中心（哈尔滨）测定，粗蛋白质（干基）14.84%，湿面筋 30.4%，沉降值 39.2 毫升，吸水率 62.4%，形成时间 38.2 分钟，稳定时间 53.0 分钟；2012 年农业部谷物品质监督检验测试中心测定，粗蛋白质（干基）15.71%，湿面筋 31.9%，沉降值 44.2 毫升，吸水率 60.9%，形成时间 33.8 分钟，稳定时间 53.0 分钟。属优质强筋小麦。

产量表现：2010—2011 年度冀中南优质组区域试验，平均亩产 539.5 千克；2011—2012 年度同组区域试验，平均亩产 493.8 千克。2012—2013 年度生产试验，平均亩产 458.5 千克。

栽培技术要点：适宜播期 10 月 5—10 日，亩基本苗 20 万～

22 万。该品种属于多花大穗、多粒、松散型品种，平均行距不宜过小，播后及时镇压保墒。春季管理一般年份浇 2 水为最佳，亩追施尿素 15 千克。后期做好病虫害综合防治，禁浇麦黄水，以利于灌浆和品质形成。

适应地区：河北省中南部冬麦区中高水肥地块种植。

十八、菏麦 24

审定编号：鲁审麦 20190004

育种者：山东科源种业有限公司

品种来源：常规品种，系菏麦 139 与济麦 22 杂交后选育

特征特性：强冬性，幼苗半匍匐，株型半紧凑，叶色深绿，旗叶上冲，抗倒伏，熟相好。两年区域试验结果平均：生育期 231 天，比对照济麦 22 晚熟 1 天；株高 77.3 厘米，亩最大分蘖 108.3 万，亩有效穗 45.1 万，分蘖成穗率 42.1%；穗长方形，穗粒数 35.6 粒，千粒重 41.1 克，容重 790.4 克/升；长芒、白壳、白粒，籽粒硬质。2018 年度中国农业科学院植物保护研究所接种鉴定结果：慢条锈病，中感叶锈病和白粉病，高感赤霉病和纹枯病。越冬抗寒性好。2017—2018 年度区域试验统一取样经农业部谷物品质监督检验测试中心（泰安）测试结果平均：籽粒蛋白质含量 14.25%，湿面筋 37.25%，沉淀值 28.5 毫升，吸水率 64.7 毫升/100 克，稳定

时间 2.25 分钟，面粉白度 73.8。

产量表现：在 2016—2018 年度山东省小麦品种高肥组区域试验中，两年平均亩产 586.9 千克，比对照济麦 22 增产 4.9%；2018—2019 年度高产组生产试验，平均亩产 640.5 千克，比对照济麦 22 增产 5.9%。

栽培技术要点：适宜播期 10 月 5—10 日，每亩基本苗 15 万~20 万。注意防治赤霉病和纹枯病。其他管理措施同一般大田。

适应地区：山东省高产地块种植利用。

十九、山农糯麦 1 号

审定编号：鲁审麦 20186028

育种者：山东农业大学

品种来源：常规品种，系农大糯麦 1 号与潍麦 8 号杂交后选育

特征特性：半冬性，幼苗半直立，株型半紧凑，叶色深绿，茎秆弹性好，抗倒伏性中等，穗层整齐，熟相较好。2015—2016 年区域试验结果：生育期 236 天，熟期与对照济麦 22 相当；株高 81.1 厘米，亩最大分蘖 76.9 万，亩有效穗 29.6 万，分蘖成穗率 40.8%；穗长方形，穗粒数 47.0 粒，千粒重 44.7 克，容重 792.3 克/升，长芒、白壳、白粒，籽粒

粉质。2017 年接种鉴定：中抗叶锈病，中感赤霉病，高感条锈病、白粉病和纹枯病。越冬抗寒性较好。2018 年经农业部谷物品质监督检验测试中心（泰安）测试结果：籽粒蛋白质含量 16.6%，湿面筋 36.2%，沉淀值 32.0 毫升，吸水率 74.3 毫升/100 克，稳定时间 2.1 分钟，面粉白度 82.2，支链淀粉含量 99.1%。属糯质小麦品种。

产量表现：2015—2016 年度省小麦品种高肥组区域试验中平均亩产 539.3 千克，比对照济麦 22 减产 7.1%；2016—2017 年度自主区域试验平均亩产 504.2 千克，比第 1 对照山农紫麦 1 号增产 7.5%，比第 2 对照冀糯 200 增产 5.5%；2017—2018 年度自主生产试验平均亩产 516.1 千克，比第 1 对照增产 6.2%，比第 2 对照增产 9.9%。

栽培技术要点：适宜播期 10 月 5—15 日，每亩基本苗 18 万左右。注意防治条锈病、纹枯病和赤霉病。其他管理措施同一般大田。

适宜区域：山东省中高产地块种植利用。

第三章 玉米栽培的基础知识

第一节 玉米的生育期

一、玉米的生育期

玉米的生育期是指从出苗到成熟的天数。根据玉米的熟期分可分为以下几种类型。

1. 超早熟类型

植株叶片总数 8~11 片，生育期 70~80 天。

2. 早熟类型

植株叶片总数 12~14 片，生育期 81~90 天。

3. 中早熟类型

植株叶片总数 15~16 片，生育期 91~100 天。

4. 中熟类型

植株叶片总数 17~18 片，生育期 101~110 天。

5. 中晚熟类型

植株叶片总数 19~20 片，生育期 111~120 天。

6. 晚熟类型

植株叶片总数 21~22 片，生育期 121~130 天。

二、玉米的生育时期

1. 出苗期

幼苗出土高约 2 厘米。

2. 三叶期

植株第 3 叶露出叶心 2~3 厘米。

3. 拔节期

植株雄穗伸长，茎节总长度达 2~3 厘米，叶龄指数 30 左右。

4. 小喇叭口期

雌穗伸长，雄穗进入小花分化期，叶龄指数 46 左右。

5. 大喇叭口期

雌穗进入小花分化期，雄穗进入四分体时期，叶龄指数

60 左右，棒三叶甩开呈喇叭口状。

6. 抽雄期

雄穗尖端露出顶叶 3~5 厘米。

7. 开花期

雄穗开始散粉。

8. 抽丝期

雌穗的花丝从苞叶中伸出 2 厘米左右。

9. 籽粒形成期

果穗中部籽粒体积基本建成，胚乳呈清浆状，亦称灌浆期。

10. 乳熟期

果穗中部籽粒干重迅速增加并基本建成，胚乳呈乳状后至糊状。

11. 蜡熟期

果穗中部籽粒干重接近最大值，胚乳呈蜡状，用指甲可以划破。

12. 完熟期

籽粒干硬，籽粒基部出现黑色层，乳线消失，并呈现出品种固有的颜色和光泽。

三、玉米的生育阶段

玉米的一生可划分为 3 个生育阶段。

1. 苗期阶段

即从播种到玉米拔节，一般历时 20~30 天。此阶段为玉米营养生长阶段，生育特点是长根、增叶、茎节分化。

2. 穗期阶段

从拔节到开花期，一般历时 27~30 天。此阶段为营养生长与生殖生长并进的阶段，生育特点是长叶、拔节、雄穗和雌穗分化。

3. 花粒期阶段

从开花期到成熟期，一般历时 30~55 天。此阶段为生殖生长阶段，生育特点是开花受精，籽粒形成。此阶段是决定穗粒数和千粒重的关键时期。

第二节　玉米高产的生理基础

一、玉米产量的构成因素

构成玉米产量的因素主要有亩穗数、穗粒数和粒重，玉米的亩产量通常可以用下式表示。

亩产量=亩穗数×穗粒数×粒重

在亩穗数、穗粒数和粒重三要素中，既相互影响，又相互制约。在理论上，增加其中任何一项，产量都会提高。但是，当玉米种植过稀时，一般情况下穗粒数和粒重都会增加，但由于收获穗数减少，当穗粒数和粒重的增加不能弥补收获穗数减少而引起的减产时，亩产量就会降低；如果种植过密，玉米在生长过程中就出现养分争夺、透光遮蔽、通风受阻等小环境限制，玉米个体生长发育趋弱，会出现穗小、粒少、粒小，空棵率明显增加的现象；当穗数增加所引起的增产不足于弥补少粒、小粒所造成的减产数量时，同样会造成玉米减产。所以，玉米产量要求亩穗数、穗粒数和粒重三者协调、均衡发展。

二、玉米养分需求机理

玉米生长发育过程中，需要的营养元素很多，氮、钾、磷、硫、钙、镁6种元素，需要量最多。

1. 氮、磷、钾元素的生理作用

氮：是组成蛋白质、酶、和叶绿素的重要成分，对玉米植株生长发育起着重要的作用。

磷：可促使玉米植株内氮素和糖分的转化，加强根系发育，促进受精，改善结实性。

钾：可促进碳水化合物的合成和运转，使机械组织发育良好，厚角组织发达，提高抗倒伏能力。

2. 玉米吸收氮、磷、钾的特点

吸氮特点：苗期较少、穗期最多、粒期其次。玉米有两个吸氮高峰期：小口—抽雄期，以大口期为中心；抽雄—灌浆期，以抽丝期为中心。抽雄前占 50% ~ 60%，抽雄后占 40% ~ 50%。

吸磷特点：前期吸收较慢，后期吸磷量较多。两个吸磷高峰期：小口—抽雄期，以大口期为中心；抽雄—灌浆期，以抽丝期为中心。吸磷量抽雄前占 44%，抽雄后占 56%。

吸钾特点：玉米一生吸钾比氮、磷提前，故在玉米栽培中钾肥应早施。两个吸钾高峰：小口—大口期；大口—抽丝期，以大口期为中心。吸钾量抽雄前占 60% ~ 70%，抽雄后占 30% ~ 40%。

产量 600 千克/亩地块，每亩需施纯氮 14 ~ 18 千克（折合尿素 40 ~ 60 千克），磷（P_2O_5）5 ~ 20 千克，钾（K_2O）9 ~ 20 千克，高肥地取低限指标，中肥地取高限。施用复合肥或磷酸二铵等肥料时应按上述氮、磷、钾总量科学计算。另外，每亩增施 1 千克以上硫酸锌。

3. 施肥时期及方法

高产夏玉米的施肥分苗肥、穗肥、花粒肥三次施用。

苗肥：在玉米拔节期将氮肥总量 30% 加全部磷、钾、硫、锌肥，沿幼苗一侧开沟深施（15 ~ 20 厘米），以促根壮苗。

穗肥：在玉米大喇叭口期（叶龄指数55%~60%，第11至第12片叶展开）追施总氮量的50%，深施以促穗大粒多。

花粒肥：在籽粒灌浆期追施总氮量的20%，以提高叶片光合能力，增粒重。

建议选用玉米缓、控释专用肥，苗期一次性施入。

基追结合配方：18-12-15（N-P$_2$O$_5$-K$_2$O）或相近配方。

产量450千克/亩以下：配方肥推荐用量15~20千克/亩，大喇叭口期追施尿素10~13千克/亩。

产量450~550千克/亩：配方肥推荐用量20~25千克/亩，大喇叭口期追施尿素13~16千克/亩。

产量550~650千克/亩：配方肥推荐用量25~30千克/亩，大喇叭口期追施尿素16~19千克/亩。

产量650千克/亩以上：配方肥推荐用量30~35千克/亩，大喇叭口期追施尿素19~22千克/亩。

一次性施肥配方：28-7-9（N-P$_2$O$_5$-K$_2$O）或相近配方。

产量450千克/亩以下：配方肥推荐用量35~43千克/亩，作为基肥或苗期追肥一次性施用。

产量450~550千克/亩：配方肥推荐用量35~43千克/亩，作为基肥或苗期追肥一次性施用。

产量550~650千克/亩：可以有30%~40%释放期为50~60天的缓控释氮素，配方肥推荐用量43~51千克/亩，作为基肥或苗期追肥一次性施用。

产量 650 千克/亩以上：建议用 30%~40%释放期为 50~60 天的缓控释氮素，配方肥推荐用量 51~58 千克/亩，作为基肥或苗期追肥一次性施用。

第四章　玉米实用栽培技术

第一节　夏玉米超高产关键栽培技术

夏玉米超高产关键栽培技术是以超高产玉米品种为研究平台，针对高产创建活动对超高产技术的需求，通过研究超高产玉米品种筛选、超高产玉米群体质量指标体系建立、超高产关键栽培技术集成等提出的。其技术要点如下。

一、精选良种

（一）选用增产潜力大的紧凑型品种

所选品种要求株型紧凑、耐密植、抗倒伏、密度达到5 000株/亩以上不倒伏、不空秆、不秃尖，抗病性好，活秆成熟。平均单穗粒重潜力在 200 克以上，生育期春播 125 天左右，夏播 105 天左右。

（二）种子处理

挑除破碎、发霉变质籽粒和秕粒，选用大小一致的籽粒，浸种 8 小时，晾干后用 40% 甲基异柳磷或 5% 吡虫啉和 2% 立克秀，按种子量的 0.2% 拌种，防治粗缩病、苗枯病、黑穗病和地下害虫。

二、精细播种，一播全苗

（一）精细整地

播前精细翻耕整地，亩施优质鸡粪 3 立方米，五氧化二磷 10 千克，氧化钾 30 千克，锌肥 1 千克，5% 辛硫磷颗粒剂 1.5 千克。

（二）足墒播种

6 月 5—15 日播种，大小行种植，大行距为 80~90 厘米，小行距为 30~40 厘米，点播亩用种量 3~4 千克，亩施 5 千克复合肥作种肥，种肥隔离，覆土深浅一致，厚度为 3 厘米。

三、增加密度合理密植

播种密度每亩 6 000~7 000 株，及时间苗、定苗。确保收获时的实收株数在每亩 5 500 株以上。

四、足量施肥

一般按每生产 100 千克籽粒施用氮（N）3 千克，磷（P_2O_5）1 千克，钾（K_2O）3 千克计算；磷、钾肥作底肥；氮肥苗肥轻施、穗肥重施、粒肥酌施。

五、精细管理

（一）及时浇水

出苗至小喇叭口期间遇旱必须灌溉。大喇叭口期以后要达到地表见湿不见干。

（二）中耕松土

苗后至小喇叭口期中耕 1~2 次，保持土壤疏松。

（三）防治病虫草害

杂草防治：播后出苗前，用50%乙草胺乳油100~120毫升兑水30~50千克喷于地面。

粗缩病防治：苗期用蚜虱净防治灰飞虱。

防治二、三代黏虫和蓟马：用50%辛硫磷1 000倍液和敌敌畏乳油2 000倍液喷雾防治，防治时间在苗期和穗期，兼治玉米蚜和稀点雪灯蛾。

防治玉米螟：用3%辛硫磷颗粒剂，每亩250克，加细沙5千克，在玉米小喇叭口期撒入心叶。

（四）人工去雄与拔除空株

在刚抽雄时拔除全田雄穗的1/2（隔行或隔株），授粉结束后再将余下的雄穗及空株全部拔除。

（五）人工辅助授粉

在授粉后期逐株检查授粉情况，对未授粉的新鲜花丝人工辅助授粉，以增加穗粒数。

六、完熟收获

收获标准是玉米籽粒基部出现黑层、乳线完全消失。

第二节　玉米"一增四改"技术

玉米"一增四改"技术，核心内容是合理增加种植密度，改种耐密型品种，改套种为直播，改粗放用肥为配方施肥，改人工种植为机械化作业。其栽培技术要点如下。

一、合理增加种植密度

种植密度要与品种要求相适应，一般耐密紧凑型品种留苗 4 500~4 800 株/亩，大穗型品种留苗 3 500~3 700 株/亩。高产田和超高产田要适当增加种植密度。

二、改种耐密型品种

加大郑单 958、浚单 20、鲁单 9002、聊玉 18 号、莱农 14 号、天泰 10 号等耐密型良种的推广力度。

三、改套种为直播

加快推广夏玉米抢茬直播技术，推广免耕直播、及时播种、足墒播种、适量播种、播后浇"蒙头水"等技术，以提高种植密度，确保一播全苗，并避免玉米粗缩病发生。

四、改粗放用肥为配方施肥

推广配方施肥技术，一般地块要做到氮、磷、钾等平衡施肥。根据产量指标和地力基础确定施肥量，注意增施磷、钾肥和微肥。氮肥分期施用，轻施苗肥、重施穗肥、补追花粒肥。应尽量避免播种时或苗期"一炮轰"施肥。

五、改人工种植为机械化作业

提高玉米机械化作业水平，玉米播种实现机械化，推广联合收割机收获，推进玉米生产全程机械化。

六、其他配套技术

包括种子包衣技术、免耕或少耕栽培及秸秆还田技术、病虫草害综合防治技术、灾情应对技术等。

第三节 玉米晚收增产技术

玉米晚收增产技术是针对套种玉米密度不足、群体质量差、玉米收获期普遍较早等问题提出的，该技术对有效提高玉米机械化、标准化、产业化，达到稳产、高产具有良好效果。其技术要点如下。

一、品种选择

选用中晚熟高产紧凑型玉米品种，要求花后群体光合高值持续期长，耐密植、抗逆性强、活棵成熟，生育期 105～110 天，有效积温 1 200～1 500℃。

二、改麦套为麦收后直播

改 5 月中下旬麦田套种玉米为 6 月 5—15 日麦收后直播。麦收后可及时耕整、灭茬，足墒机械播种；或者采用免耕播种机播种；或者抢茬直播，留茬高度不超过 40 厘米。等行距时一般应为 60～70 厘米；大小行时，大行距应为 80～90 厘米，小行距应为 30～40 厘米。播深为 3～5 厘米。

三、合理密植

紧凑中穗型玉米品种留苗 4 500~5 000 株/亩，紧凑大穗型品种留苗 3 500~4 000 株/亩。

四、平衡施肥

前茬冬小麦施足有机肥（3 000 千克/亩以上）的前提下，以施用化肥为主；根据产量确定施肥量，一般高产田按每生产 100 千克籽粒施用纯氮 3 千克，五氧化二磷 1 千克，氧化钾 2 千克计算；平衡氮、钾、磷营养，配方施肥；在肥料运筹上，轻施苗肥、重施大口肥、补追花粒肥。苗肥，在玉米拔节期将氮肥总量 30%加全部磷、钾、硫、锌肥，沿幼苗一侧开沟深施（15~20 厘米），以促根壮苗；穗肥，在玉米大喇叭口期（第 11 至第 12 片叶展开）追施总氮量的 50%，深施以促穗大粒多；花粒肥，在籽粒灌浆期追施总氮量的 20%，以提高叶片光合能力，增粒重。也可选用含硫玉米缓控释专用肥，苗期一次性施入。

五、精细管理

及时间苗、定苗，于 3 叶期间苗，5 叶期定苗，不得延迟，以防苗荒；玉米分蘖不必除去，但在小喇叭口期要及时拔除小弱株；在拔节到小喇叭口期，对长势过旺的玉米，合理喷施安全高效的植物生长调节剂（如健壮素、多效唑等），以防止玉米倒伏；当雄穗抽出而未开花散粉时，隔行或隔株去除雄穗，但地头、地边 4 米内的不去除，并于盛花期进行辅助授粉；于苗期和穗期，结合除草和施肥及时中耕两次；加强病虫草害综合防治。

六、适时晚收

改变过去"苞叶变黄、籽粒变硬即可收获"为"苞叶干枯、籽粒基部出现黑层、籽粒乳线消失时收获"，一般在 9 月 25 日至 10 月 5 日收获。同时在 10 月 10 日前后播种小麦，确保小麦玉米两熟全年丰收。

第四节　玉米病虫害综合防控技术

一、玉米主要病害

（一）叶斑病

叶斑病主要包括玉米大斑病、小斑病、弯孢菌叶斑病等。

1. 大斑病

主要为害叶片，严重时也为害叶鞘和苞叶。由植株下部叶片开始发病，向上扩展。病斑长梭形，灰褐色或黄褐色，长5~10厘米，宽1厘米左右，有的几个病斑连接成大型不规则形枯斑，严重时叶片枯焦。多雨潮湿天气，病斑上可密生灰黑色霉层。此外，还有一种发生在抗病品种上的病斑，沿叶脉扩展，表现为褐色坏死条纹，周围有黄色或淡褐色褪绿圈，不产生或极少产生孢子。

2. 小斑病

从苗期到成熟期均可发生，主要为害叶片，也为害叶鞘和苞叶。病斑比大斑病小，数量多，椭圆形、圆形或长圆形，大小为（5~10）毫米×（3~4）毫米，初为水渍状，后为黄褐色或红褐色，边缘颜色较深，密集时常互相连接成片，形成较大形枯斑，多从植株下部叶片先发病，向上蔓延、扩展。叶片病斑形状，因品种抗性不同有3种类型：一是不规则椭圆形病斑，或受叶脉限制表现为近长方形，有较明显的紫褐色或深褐色边缘；二是椭圆形或纺锤形病斑，扩展不受叶脉限制，病斑较大，灰褐色或黄褐色，无明显深色边缘，病斑上有时出现轮纹；三是黄褐色坏死小斑点，基本不扩大，周围有明显的黄绿色晕圈，此为抗性病斑。

3. 弯孢菌叶斑病

主要为害叶片，也能侵染叶鞘和苞叶。病斑多在玉米 9~13 叶期开始出现，发生高峰期为玉米抽雄至灌浆期。叶片上出现水渍状褪绿斑点，后逐渐扩大成圆形或椭圆形，病斑大小一般为（1~2）毫米×2 毫米。易感病品种上病斑直径可达（4~5）毫米×（5~7）毫米，并且病斑常连接成片引起叶片枯死。病斑中心枯白色，周围红褐色，感病品种外缘具褪绿色或淡黄色晕环。潮湿条件下，病斑正、反面均可产生灰黑色霉状物。

4. 褐斑病

褐斑病发生在玉米叶片、叶鞘及茎秆，先在顶部叶片的尖端发生，以叶和叶鞘交接处病斑最多，常密集成行，最初为黄褐或红褐色小斑点，病斑为圆形或椭圆形到线形，隆起附近的叶组织常呈红色，小病斑常汇集在一起，严重时，叶片上出现几段甚至全部布满病斑，在叶鞘上和叶脉上出现较大的褐色斑点，发病后期病斑表皮破裂，叶细胞组织呈坏死状，散出褐色粉末（病原菌的孢子囊），病叶局部散裂，叶脉和维管束残存如丝状。茎上病多发生于节的附近。

5. 纹枯病

纹枯病主要为害叶鞘，也可为害茎秆，严重时，引起果穗受害。发病初期多在基部第 2 茎节叶鞘上产生暗绿色水渍状病斑，后扩展融合成不规则形或云纹状大病斑。病斑中部灰褐色，边缘深褐色，由下向上蔓延扩展。穗苞叶染病也产生同样的云纹状斑。果穗染病后秃顶，籽粒细扁或变褐腐烂。严重时根茎基部组织变为灰白色，次生根黄褐色或腐烂。多雨、高湿持续时间长时，病部长出稠密的白色菌丝体，菌丝进一步聚集成多个菌丝团，形成小菌核。

6. 顶腐病

该病可细分为镰刀菌顶腐病、细菌性顶腐病两种情况。

（1）镰刀菌顶腐病。在玉米苗期至成株期均表现症状，心叶从叶基部腐烂干枯，紧紧包裹内部心叶，使其不能展开而呈鞭状扭曲；或心叶基部纵向开裂，叶片畸形、皱缩或扭曲。植株常矮化，剖开茎基部可见纵向开裂，有褐色病变；重病株多不结实或雌穗瘦小，甚至枯萎死亡。病原菌一般从伤口或茎节、心叶等幼嫩组织侵入，虫害尤其是蓟马、蚜虫等的为害会加重病害发生。

（2）细菌性顶腐病。在玉米抽雄前均可发生。典型症状为心叶从绿色失水到萎蔫枯死，形成枯心苗或丛生苗；叶基部呈水浸状腐烂，病斑不规则，褐色或黄褐色，腐烂部位有或无特殊臭味，有黏液；严重时用手能够拔出整个心叶，轻病株心叶扭曲不能展开。高温高湿有利于病害流行，害虫或其他原因造成的伤口利于病菌侵入。多出现在雨后或田间灌溉后，低洼或排水不畅的地块发病较重。

7. 粗缩病

玉米整个生育期都可感染发病，以苗期受害最重，5~6片叶即可显症，开始在心叶基部及中脉两侧产生透明的油浸状褪绿线条点，逐渐扩及整个叶片。病苗浓绿，叶片僵直，宽短而厚，心叶不能正常展开，病株生长迟缓、矮化叶片背部叶脉上产生蜡白色隆起条纹，用手触摸有明显的粗糙感。植株叶片宽短僵直，叶色浓绿，节间粗短，顶叶簇生状如君子兰。叶背、叶鞘及苞叶的叶脉上具有粗细不一的蜡白色条状突起，有明显的粗糙感。至9~10叶期，病株矮化现象更为明显，上部节间短缩粗肿，顶部叶片簇生，病株高度不到健株一半，多数不能抽穗结实，个别雄穗虽能抽出，但分枝极少，没有花粉。果穗畸形，花丝极少，植株严重矮化，雄穗退化，雌穗畸形，严重时不能结实。

二、玉米主要虫害

1. 黏虫

黏虫是一种玉米作物虫害中常见的主要害虫之一。属鳞翅目，夜蛾科，又名行军虫。以幼虫暴食玉米叶片最为常见，发生严重时，短期内吃光叶片，造成减产甚至绝收。

幼虫：幼虫头顶有"八"字形黑纹，头部褐色黄褐色至红褐色，2~3龄幼虫黄褐至灰褐色，或带暗红色，4龄以上的幼虫多是黑色或灰黑色。身上有 5 条背线，所以，又叫五色虫。腹足外侧有黑褐纹，气门上有明显的白线。蛹红褐色。

成虫：体长 17～20 毫米，淡灰褐色或黄褐色，雄蛾色较深。前翅有两个土黄色圆斑，外侧圆斑的下方有一小白点，白点两侧各有一小黑点，翅顶角有 1 条深褐色斜纹。

2. 玉米螟

玉米螟主要为害玉米、高粱、谷子，也能为害棉花、大麻、甘蔗、向日葵、水稻、甘薯、豆类等作物。玉米螟主要以幼虫蛀茎为害，破坏茎秆组织，影响养分运输，使植株受损，严重时茎秆遇风折断。

老熟幼虫：体长 20～30 毫米，圆筒形，头黑褐色，背部淡灰色或略带淡红褐色，幼虫中、后胸背面各有 1 排 4 个圆形毛片，腹部 1～8 节背面前方有 1 排 4 个圆形毛片，后方 2 个，较前排稍小。

成虫：黄褐色，雄蛾体长 13～14 毫米，翅展 22～28 毫米，体背黄褐色，前翅内横线为黄褐色波状纹，外横线暗褐色，呈锯齿状纹。雌蛾体长 14～17 毫米，翅展 28～34 毫米，体鲜黄色，各条线纹红褐色。

3. 蓟马

蓟马是玉米苗期害虫，主要有玉米黄蓟马、禾蓟马、稻管蓟马，个体小（0.9～3 毫米），会飞善跳。黄蓟马首先为害叶背，禾蓟马和稻管蓟马首先为害叶正面，干旱对其大发生有利，降水对其发生和为害有直接的抑制作用。蓟马主要在玉米心叶内为害，同时，会释放出黏液，致使心叶不能展开。随着玉米的生长，玉米心叶形成"鞭状"，如不及时采取措施，就会造成减产，甚至歉收。成虫行动迟缓，为害造成不连续的银白色食纹并伴有虫粪污点，叶正面相对应的部分呈现黄色条斑。成虫在取食处的叶肉中产卵，对光透视可见针尖大小的白点。为害多集中在自下而上第 2 至第 4 叶或第 2 至第 6 叶上。

另外，为害玉米果穗的害虫还有棉铃虫、玉米螟、黏虫、桃蛀螟、高粱条螟等。因玉米吐丝期的早晚和种植地块的不同，其发生为害的程度差异很大。

三、玉米病虫草害综合防治技术

因地制宜，准确把握关键时期，抓好各生育期病虫综合治理，大力推广绿色高效综合防治技术。

（一）选用良种，加强健身栽培

目前栽植品种大多抗大小斑病、矮花叶病。推广健身栽培，精耕细作，适时播种，配方施肥，合理深翻，及时清洁田园，秸秆粉碎还田，破坏病虫适生场所，减少玉米螟、灰飞虱、叶斑病等病虫基数。

（二）适时开展化学除草

播后苗前，可亩用960克/升精异丙甲草胺乳油100~170克，或用40%异丙草·莠悬浮剂200~250毫升，兑水30~45千克土壤喷雾。苗后3~5叶期，一年生杂草可亩用40克/升烟嘧磺隆悬浮剂75~100毫升，兑水30~45千克茎叶喷雾；阔叶杂草亩用20氯氟吡氧乙酸乳油50~70毫升，兑水30~45千克喷雾。

（三）抓好各生育期化学防治

1. 播种期

主要采取种子包衣或拌种措施，防治苗期病害、地下害虫，兼治灰飞虱、蓟马等，降低玉米粗缩病发生概率。每百千克种子可用40%溴酰·噻虫嗪种子处理悬浮剂按300~450毫升拌种防治地下害虫和蓟马；或用35克/升咯菌·精甲霜悬浮种衣剂按100~200克包衣或拌种防治玉米茎基腐病；或用29%噻虫·咯·霜灵悬浮种衣剂按400毫升、600毫升包衣或拌种防治灰飞虱和茎基腐病等。

2. 苗期至小喇叭口期

主要防治玉米螟、二代黏虫、二点委夜蛾、蓟马、蚜虫等。防治玉米螟，心叶期亩用3%辛硫磷颗粒剂3 000~4 000

克拌细沙撒心叶，兼治玉米蚜；防治二代黏虫，亩用 10%高效氢氰菊酯水乳剂 15~20 毫升，或用 14%氯虫·高氯氟微囊悬浮剂 15~20 毫升，兑水 30 千克喷雾，兼治蓟马、棉铃虫；防治二点委夜蛾，亩用 200 克/升氯虫苯甲酰胺悬浮剂 7~10 毫升，兑水 30 千克喷雾；防治蓟马，亩用 25%噻虫嗪水分散粒剂 15~20 克，兑水 30 千克喷雾；防治苗枯病，亩用 50%多菌灵可湿性粉剂 75~100 克，或用 15%三唑酮可湿性粉剂 60~80 克，兑水 30 千克喷茎基部。

3. 大喇叭口期至穗期

大喇叭口期至雌穗萎蔫期，大力推广玉米"一防双减"技术，选用组配高效杀虫、杀菌剂，1 次施药防治玉米中后期多种病虫害，减少穗虫基数，减轻病害流行程度，提高叶片的光合效能，实现玉米增产增效。

防治玉米穗虫，亩用 10%高效氯氟氰菊酯水乳剂 15~20 毫升，或用 200 克/升氯虫苯甲酰胺悬浮剂 8~10 毫升，兑水 45 千克喷雾；防治叶斑病，亩用 250 克/升吡唑醚菌酯悬浮剂 30~40 毫升，或用 17%唑醚，氟环唑悬乳剂 45~65 克，兑水 45 千克喷雾，兼治锈病。

（四）积极推广生物防治技术

一是加强自然天敌保护。玉米螟卵寄生率 60%以上时，可不施药，利用天敌即可控制为害。二是释放天敌控制害虫种群。7月上旬玉米螟百株落卵量达1.0~1.5块时，每亩均匀设10个放蜂点释放赤眼蜂，隔1个月左右再放1次蜂，2次亩放蜂总量2万~3万头。三是喷施生物制剂控制病虫为害。心叶末期，亩用16 000国际单位/毫克苏云金杆菌可湿性粉剂50~100克加细沙2~3千克制成菌沙施于心叶内，防治玉米螟。

第五章　花生、大豆实用栽培技术

第一节　花生四大关键八项
改进高产栽培技术

花生生产四大关键技术措施概括为：深翻耕，广覆膜，增密度，防早衰。八项改进技术为：改长期自留种为定期更换新品种，改速效化肥一次施用为控释肥精准施用，改早播早收为适当晚播晚收，改人工播种收获为机械化作业，改双粒播种为单粒精播，改花生套种为夏直播，改普通病虫防治为绿色防控，改一次集中化控为多次灵活化控。

一、四大关键技术措施

（一）深翻耕

目前，山东省花生生产很多地方存在春季浅耕耙耢、重化肥施用、轻有机肥施用等习惯，致使土壤板结，土质变劣，地力衰竭，对花生产量影响较大。结合增施有机肥进行深翻耕，加厚活土层，创造深、活、松的高产土体，培肥熟化土壤，是创建花生生产良好土壤条件的有效措施。

技术要点：春花生种植田，以秋末冬初进行深翻耕为好，一般耕深以 25~30 厘米为宜。深耕要结合增施肥料，冬深耕后要耙平耙细，以防风蚀，并注意早春顶凌耙地保墒。深翻耕要因地制宜，冬耕宜深，春耕宜浅。春耕要随耕随耙，以免透风跑墒。

为了创建和保持良好的土体构造和土层结构，可采取深浅轮耕的措施。即在花生与其他作物轮作周期中，只在头茬作物深耕 1 次，其他年度和茬口进行浅耕灭茬和掩肥作业。

(二) 广覆膜

地膜覆盖具有增温、调温、保墒、提墒和控水防涝，改善土壤物理性状和近地小气候等作用，对提高花生光合效率、促进生育进程、增强抗旱耐涝能力、促进根系和果针入土结实效果明显，能有效克服花生生长发育期间诸多不利因素，为花生提供良好生长环境，确保了花生合理生育进程。

技术要点：一是选用适宜的品种。土壤肥沃、水浇条件好，应选用丰产性能好的中、晚熟大果品种；麦茬夏直播可选用中早熟高产品种。二是选用适宜的地膜。选用常规聚乙烯地膜, 宽度 90 厘米, 厚度不低于 0.008 毫米, 夏花生可选用黑色地膜或配色地膜。三是精细整地, 增施肥料。深翻耕, 并结合增施肥料将地面耙平耱细, 清除残余根茬、石块等杂物。要配方施肥, 注意多施有机肥等缓效肥料, 并配合施用微量元素肥料。四是规格覆膜, 足墒播种。要按覆膜要点, 严格覆膜质量。播种土壤水分为最大持水量的 70% 左右, 在适期内保证足墒播种, 或抗旱播种。

（三）增密度

在单株产量较稳定的情况下, 用增加花生种植密度的途径增加产量最为有效。山东省花生中低产田占全省花生面积的 60% 以上, 很多地方种植密度较低, 春花生只有 5 000~6 000 墩/亩, 夏花生 6 000~8 000 墩/亩, 距高产密度每亩相差 2 000~3 000 墩。因此, 一般每亩增加 2 000 穴左右是增加产量的基础, 是山东省花生增产关键技术措施之一。

技术要点：一是春花生。早熟中果品种, 密度以 1 万穴/亩左右, 每穴双粒（下同）为宜。中晚熟大果品种, 以 0.8 万~0.9 万穴/亩为宜。二是夏花生。夏花生密度要大于春花生, 一般大花生品种要达到 1 万穴/亩, 小花生以 1.1 万~1.2 万穴/亩为宜, 夏直播花生密度以 1.1 万~1.2 万穴/亩为宜。三是机播覆膜播种规格。垄距为 85 厘米, 垄面宽为 55 厘米, 垄面种两行花生, 垄沟为 30 厘米, 小行距为 35 厘米, 大行距 50 厘米，穴距 16.5 厘米，每亩 9 500 穴（双粒/穴）。

（四）防早衰

在花生生产中，由于一次性施肥（基肥），地膜覆盖结果过早过多，化控过度，旱薄地营养生长不良的花生，都容易导致花生生育后期早衰现象的发生，如遇干旱或病虫害发生严重时，早衰更加严重，早衰成为限制山东省花生产量进一步提高的主要障碍因素。因此，及时采取防早衰措施，确保花生合理的生育进程，才能确保花生充实饱满，获得高产。

技术要点：一是推行缓释肥。增施有机肥、控释肥等缓释肥料，确保花生生育中后期有较好的矿质营养供应，不脱肥。二是叶面喷肥。花生生育后期，叶面喷施 1%~2% 尿素或 0.2%~0.4% 磷酸二氢钾溶液，或富含氮、磷、钾及多元素的叶面肥 2~3 次，间隔 1 周左右。三是灵活化控。根据花生长势进行 2~3 次化控。一般花生田和丘陵旱地花生每次可用壮饱安 5~10 克/亩，喷 1~2 次即可，此类地块不宜施用多效唑。四是加强叶斑病的防治。田间病叶率达到 6%~8% 时开始喷药，每 10~15 天喷 1 次，连喷 2~3 次。常用药剂有 72% 农用硫酸链霉素可溶性粉剂、1.5% 多抗霉素可湿性粉剂、75% 百菌清可湿性粉剂、50% 多菌灵可湿性粉剂。

二、八项改进技术

（一）改长期自留种为定期更换新品种

一年购种、多年使用是花生生产中普遍存在的现象。农民长期自留种，引起良种退化，造成产量降低。定期更新种子，确保生产用种 3 年更新 1 次，就能恢复良种特性，充分挖掘良种的增产潜力。

技术要点：一是良种溯源生产。按 1∶10 的花生繁殖比例建设原原种、原种、良种繁育基地，建立健全花生良种繁育体系，确保良种质量和数量，提高集约供种能力，实行定期统一供种。二是选用专用花生良种。根据自然资源条件和花生产业化生产发展方向，选用具有较强市场优势的专用花生良种。品种要定期更新，一次购种可使用 3 年。三是精选种子。剥壳前晒种，剥壳时精选分级，确保种子均匀一致，纯度≥98%，发芽率≥85%，净度≥98%。

（二）改速效化肥一次施用为控释肥精准施用

目前，花生施肥重施化肥，有机肥施用减少，播前一次性施用速效化肥，忽视微肥的现象十分突出，导致肥效过于集中，前期旺长，后期早衰，不利于花生提高单产。增施有机肥，适当配施微肥，精准施用控释肥，就能确保养分供应和合理分配，提高花生产量和品质。

技术要点：一是配方施肥。高产攻关田一般亩施纯氮（N）12~15千克，磷（P_2O_5）11~14千克，钾（K_2O）14~17千克。高产田一般亩施纯氮（N）8~10千克，磷（P_2O_5）6~8千克，钾（K_2O）8~11千克。中低产田一般亩施纯氮（N）4~7千克，磷（P_2O_5）3~5千克，钾（K_2O）4~6千克。二是控释肥精准施用。中低产田可将全部有机肥、化肥的2/3结合耕地施入，其余1/3在起垄时施在垄内或播种时用播种机施肥器施在垄中间。高产田可将化肥总量的60%~70%改用控释肥，保证花生后期养分供应，防止早衰。

（三）改早播早收为适当晚播晚收

播种过早，一方面容易受倒春寒天气影响，造成低温冷害，诱发病毒病、根腐病、茎腐病的发生，造成枯叶或死苗；另一方面，开花下针期处在旱季，饱果期处在雨季，影响开花下针和荚果形成，使结果期分散，甚至形成几茬果，造成收获期发芽烂果。收获过早，浪费了后期大量光热资源。适当晚播晚收，避免冷害和病害的发生，并使花生生育进程适应气候，充分利用光热资源，是花生增产的有效措施。

技术要点：鲁东适宜播期为5月1—10日，鲁中、鲁西为4月25日至5月15日。如果墒情不足，应及时造墒。麦套花生适宜套种时间一般是麦收前 15~20 天，高产麦田套种花生可适当晚套，低产麦田可适当早套。提倡改花生套种为夏直播，麦收后抢时整地，机械直播。墒情不足的地块，应在麦收前 5~7 天灌水造墒。收获期适当延迟至 9 月中下旬。

（四）改人工播种收获为机械化作业

山东省农村劳动力不足，劳动力不断增值，人工花生播种收获用工多，劳动强度大，工效低，是影响花生生产发展的主要障碍因素。而花生机械化作业，可大幅降低生产成本，减轻劳动强度，提高生产效率，增加经济效益。同时，花生机械化生产可促进标准化生产发展，确保花生播种质量，能够显著提高花生产量，是花生产业可持续发展的必然选择。

技术要点：一是选用多功能播种机。可选用 2BFD-2B 型花生播种铺膜机或 2BHJ-2 型花生联合精播机等多功能播种机，将起垄、播种、施肥、喷药、覆膜、膜上压土等工序一次完成，并达到标准化播种要求。二是播前进行精选种子。进行种子精选，达到种子越匀越好。三是选择推广应用成熟的花生收获机进行挖掘和抖土，用摘果机摘果，也可用联合收获机将收获和摘果一次完成。

（五）改双粒播种为单粒精播

目前，山东省花生高产栽培中普遍采用双粒播种法，存在个体发育受影响、整齐度较差、大欺小的问题，难以充分挖掘单株和群体的增产潜力。花生单粒精播，不仅节种、省肥，大幅度提高工效，而且能建立合理密度，提高播种质量，培育壮苗、全苗、匀苗，有效克服花生高产栽培中存在的主要障碍因素，提高了花生群体质量，对进一步提高花生高产栽培水平具有重要意义。

技术要点：一是增施控释肥。将化肥总量的 60%～70% 改用控释肥，保证花生后期养分供应，防止早衰。二是精选种子。要对种子进行 3 次筛选，确保种子纯度和质量，选一级健米作种。三是单粒精播。大垄双行，穴距 10～11 厘米，亩播 14 000～15 000 粒（穴）。

（六）改花生套种为夏直播

花生套种多为麦田套种，随着小麦产量的提高和劳动力价值的不断增值，麦套花生费工费时、播种质量差、密度难保证、不利于机械作业的问题越来越突出。山东省鲁中南、鲁西南地区，6 月中旬至 10 月上旬的积温一般都在 2 900℃ 以上，能满足夏直播花生的热量要求。实行夏花生抢茬直播，不仅可以解决麦套花生播种质量差等问题，而且便于机械作业和覆膜栽培，是提高劳动效率、增加产量和效益的有效途径。

技术要点：一是精选种子。要对种子进行 3 次筛选，确保种子纯度和质量。剔除过大、过小的种子，确保种子均匀一致。二是抢时整地播种。前茬收获后，要抢时灭茬整地，为夏直播花生播种打好基础。麦油花生要及时播种，播种时间为 6 月 5—15 日。三是机播覆膜。采用机播覆膜方式，提高播种质量和生产效率，增加有效积温，为夏直播花生生长发育创造良好条件。

（七）改普通病虫防治措施为绿色控害措施

目前山东省主要病虫害的防治仍然是以化学防治为主，长期大量施用化学农药会导致在花生籽仁中的残留，危害人体健康，并对生态环境造成不良影响。采用绿色控害技术，保证花生产品质量安全，减少环境污染。

技术要点：一是选用抗病品种。根据当地主要病害种类，选择相对抗病或耐病品种。二是物理诱杀。主要包括频振式杀虫灯诱杀害虫技术、性诱剂诱杀害虫技术和诱虫板诱杀害虫技术，达到既能有效控制害虫为害，又能大大减少化学农药使用量的目的。三是生物防治。采用白僵菌、绿僵菌等生物制剂防治花生蛴螬，Bt 制剂、核多角体病毒制剂防治棉铃虫，阿维菌素制剂防治花生根结线虫等。

（八）改一次集中化控为多次灵活化控

花生生产中喷施抑制剂是控制旺长的有效措施，但存在控制时间过早、药剂量过大等不当做法，造成抑制花生生长过度，后期落叶早、早衰现象较突出，影响了光合产物的形成和积累。多次灵活化控可确保合理生育进程，协调营养分配，有效防止早衰。

技术要点：肥水条件好、种植大花生的地块，在下针期至结荚中后期可根据花生长势进行 2~3 次化控，调节剂可选用多效唑或壮饱安，多效唑每次用量为 20 克左右/亩，壮饱安每次用量为 10~15 克/亩；一般花生田和丘陵旱地花生每次可用壮饱安 5~10 克/亩，1~2 次即可，此类地块不宜施用多效唑。

第二节　两熟制花生高产栽培技术

小麦套种或夏直播花生两熟制栽培是黄淮海地区花生生产的主要种植方式，对解决我国粮油争地矛盾，保障粮油安全有重要意义。其技术要点如下。

一、地块选择

选用轻壤或沙壤土，土壤肥力中等以上，2 年内未种过花生或其他豆科作物。

二、科学施肥

每亩施土杂肥 2 000~3 000 千克，化肥施纯氮（N）6~8 千克，磷（P_2O_5）7~9 千克，钾（K_2O）8~10 千克。小麦茬肥料用量和施用方式同常规小麦栽培。花生茬的全部土杂肥与小麦基肥混施，1/3 的化肥与小麦追肥混施。剩余化肥于花生套种前 20~30 天在套种行开沟，深施在 10~15 厘米的土层内，也可在麦收后 10 天内在花生植株两侧开沟追施，并及时浇水；夏直播花生麦收后，将肥料撒施在地表，然后翻耕 20~25 厘米，再用旋耕犁旋打 1~2 遍，将麦茬打碎；或施肥后直接用旋耕犁旋打 2~3 遍，深度 15 厘米左右。灭茬、松土、掩肥，做到地平、土细、肥匀。

三、品种选择

选择高产优质小麦品种，套种栽培还应注意株型紧凑、分蘖成穗率高、株高偏矮或中等，抗病、抗倒伏性强等性状；夏直播栽培应注意适于晚播、早熟等性状。花生选用增产潜力大、品质优良、综合抗性好的品种，套种花生选用中熟偏早的品种，夏直播花生选用早熟品种。

四、种植方式

可根据当地气候资源和种植习惯等选择以下种植方式。

小垄宽幅麦套种花生：小麦播种时，畦宽 40 厘米，畦内起垄，垄高 12~13 厘米，垄底宽 30 厘米左右，垄沟内种 2 行小麦。麦收前 15~20 天，每垄套种 1 行花生。

小麦等行距套种花生：小麦 23~30 厘米等行距播种。麦收前 10~15 天，每行套种 1 行花生。

畦田麦夏直播花生：小麦种植方式同一般畦田麦。麦收后，起垄覆膜。垄距 80~85 厘米，垄面宽 50~55 厘米，垄上播种 2 行花生。垄上小行距 30~35 厘米，垄间大行距 50 厘米。覆膜后在播种行上方盖 5 厘米厚的土埂，引升花生子叶自动破膜出土。

五、种植密度

大花生每亩 9 000~10 000 穴，小花生每亩 10 000~11 000 穴，每穴 2 粒种子。

注意事项：夏直播花生播种要在麦收后 3~5 日内完成，如果用机械覆膜播种，播种行上方膜面覆土高度不足 5 厘米的，要人工填补至高度达到 5 厘米。麦田套种花生要注意及时中耕除草、防治地下害虫和后期早衰等。

第三节 夏大豆优质高产栽培技术

一、范围

本技术规定了夏大豆优质高产栽培的产量结构、播种前后的技术与管理，适用于山东省夏大豆产区。

二、产量结构

亩产优质夏大豆 250 千克以上的产量结构指标：

亩株数（株）：15 500~18 000

单株结粒数（粒）：80~85

亩产总粒数（粒）：1 250 000~1 500 000

百粒重（克）：20~20.5

三、生育进程（表 5-1）

表 5-1　夏大豆生育进程

项　目	播种 幼苗期	分枝 开花期	封垄 结荚期	鼓粒 成熟期	全生育期
起止日期	6 月下旬至 7 月中旬	7 月中旬至 8 月中旬	8 月中旬至 9 月上旬	9 月上旬至 9 月下旬	6 月下旬至 9 月下旬
各生育阶段 （天）	24~28	29~31	19~21	20~22	90~100

四、播种前准备

（一）土壤条件

土壤有机质≥1%，速效氮（N）60~80 毫克/千克，速效磷（P_2O_5）15~20 毫克/千克，速效钾（K_2O）90~100 毫克/千克。土壤保肥保水能力强，排灌方便。

（二）整地

麦收后及时整地，可旋耕灭茬或用机引圆盘耙灭茬，达到土壤松、碎、平的整地要求。

（三）基肥

结合整地亩施有机肥 1 000~2 000 千克，过磷酸钙 20~40
千克，硫酸钾 10~20 千克。

（四）种肥

亩用复合肥或磷酸二胺 4~7 千克。

（五）选择品种

可选择 90~100 天、抗病抗倒、单株生产潜力大、适应性
较强、种子纯度达到 98% 以上的优质高产品种。当前生产条
件下可选用齐黄 26、齐黄 34、菏豆 19、跃进 10 号、科丰 6
号、鲁豆 13 号、鲁豆 12 号、鲁豆 11 号等。

（六）种子处理

利用风选和筛选去掉杂质、破粒和小粒，做好发芽试验，
发芽率要达到 95% 以上。用钼酸铵或根瘤菌拌种。

五、播种

（一）播期

麦收后抢时早播，在 6 月 22 日前播完。

（二）播量

每亩 5 千克左右。

（三）播种方法

耧播或开沟条播，平均行距 35~40 厘米，播种深度 3~3.5 厘米。

（四）合理密植

每亩种植 16 000~20 000 株。

六、田间管理

（一）幼苗、分枝期管理

1. 补苗

大豆出苗后立即查苗，发现缺苗要及时补种。也可带土移栽，栽后浇水，保证成活。

2. 间苗定苗

在对生单叶展平时间苗，出现复叶时定苗，每亩留苗 16 000~19 000 株。

3. 断根摘心

大豆发出第 1 片初生真叶时，可将两片子叶之间发生的心芽摘除，强制大豆长出两个主茎，并在离大豆植株 2 厘米处用小铲深入土壤 5～6 厘米处，切断大豆主根，断根后压实土壤，防止跑墒。

4. 中耕培土

在苗高 7～10 厘米时，进行第一次中耕，在封垄前中耕 2～3 次，苗小时浅锄，封垄前深锄，旺长田可深锄适当伤根，控制植株徒长。分枝后结合中耕进行培土，培土时要做到地上不压苗，地下少伤根。

5. 追肥浇水

脱肥地块每亩追施过磷酸钙 15～20 千克，尿素 10 千克左右。一般地块不追肥，避免徒长。遇严重干旱时小水灌溉。

6. 病虫防治

要重点防治大豆胞囊线虫。播种时，每公顷土地用 3% 甲基异柳磷颗粒剂 30～60 千克，进行土壤处理。同时注意防治金龟甲、豆秆蝇、蚜虫等。

（二）开花结荚期管理

1. 追肥

初花期每亩追施尿素 5～8 千克，旺长豆田不追氮肥。开花结荚期可以叶面喷肥。

2. 浇水

开花结荚期土壤水分应保持在田间最大持水量的 80% 以上，遇旱时应及时浇灌。

3. 除草

于菟丝子缠茎并开始转株时，用 10% 草甘膦乳剂 400～500 倍液防治，注意拔除其他杂草。

4. 化控

徒长豆田开花期喷洒矮壮素，浓度为 0.125%～0.25%。

5. 治虫

注意防治大豆胞囊线虫病、蚜虫、食心虫、豆天蛾和红蜘蛛等。

（三）鼓粒期管理

凡有水浇条件的豆田都应适时浇好鼓粒水，土壤含水量保持在田间最大持水量的 70% 以上。

七、收获

大豆叶片绝大部分转黄脱落，茎、荚呈黄色或黄褐色，籽粒呈现本品种固有的形状、大小和光泽并与荚壳脱离，部分籽粒干硬，摇动植株有响声，即为大豆成熟期，应适时收获。

八、贮藏

大豆脱粒后，籽粒含水量降到13%以下即可安全贮藏。

第四节 大豆窄行密植技术

在干旱、半干旱气候区，水是影响大豆产量的关键因素。黄淮海地区和山东省普遍降水不足，干旱困扰着当地的大豆生产。通过缩小行距，扩大株距，加大密度，构建合理群体，有效利用水、光、热资源，实现大豆高产，在鲁中、鲁西等半干旱大豆种植区试验、示范，取得较好效果。

一、选用适宜品种

根据土壤肥力、生育期、用途和当地主要病虫害选用适宜品种。土壤肥力高、水浇条件好的地块，选用高产、抗倒伏的有限结荚习性品种；反之，则选用抗旱、抗倒、耐瘠、适应性强的亚有限结荚习性品种。根据当地的大豆适宜生长期和茬口，选用早、中、晚熟品种。山东省及黄淮海夏大豆品种的适宜生育期一般为 90~110 天。大豆的主要用途是生产油脂和蛋白质，根据不同用途选用高脂肪或高蛋白品种。山东省及黄淮海地区的大豆主要病害是大豆花叶病毒病和大豆胞囊线虫病，根据当地的主要病害选用高抗或兼抗这两种病害的品种。

二、因地因种确定适宜的行株距，创建合理群体

山东省夏大豆的种植密度一般为 1.3 万~1.7 万株/亩。土壤水肥条件好，品种的生长势强、单株生产力高，适宜密度为 1.0 万~1.3 万株/亩；无水浇条件的山岭薄地密度可高达 3.0 万株/亩。根据适宜密度，确定相同的行距与株距，均匀种植，使单株个体具有向四周生长的最大空间，减少个体之间的竞争和水、光、热资源损失。株距一般为 13~25 厘米。

三、足墒精细早播种

大豆播种的适宜水分含量为 19%~20%。墒情不足，应造墒或遇雨抢墒播种；水分过多，应适当散墒后播种。灭茬、适当整地后机械精量播种。播种深度一致，一般 3~5 厘米，种子分布均匀。尽早播种，不晚于 6 月 25 日。

四、培育壮苗

出苗后及早间苗、定苗；中耕 2~3 次，一般在齐苗后、定苗后和封垄前各中耕 1 次。

五、适时灌水

不同生育时期需水不同，苗期需水较少，应适当干旱，不浇水或少浇水；开花、结荚、鼓粒期需水较多，干旱对产量影响较大，遇旱及时浇水。大豆不同生育时期适宜的土壤含水量分别为：幼苗期 20% 左右，分枝期 23% 左右，开花结荚期 30% 左右，鼓粒期 25%~30%。当土壤含水量低于适宜含水量时应及时浇水。

六、合理施肥

结合整地每亩施 1~1.4 吨优质粪肥，土壤瘠薄或前茬施肥少的地块应多施有机肥。播种时，施用少量化学肥料、腐熟有机肥、细菌肥料、硼肥、钼肥等作种肥。根据土壤肥力不同，在苗期、开花结荚期和鼓粒期进行追肥。苗期每亩追施 2.5~5.0 千克氮磷钾复合肥以促壮苗。开花结荚期每亩追施 5~10 千克尿素。鼓粒期缺肥时，每亩追施 5 千克左右的尿素或叶面喷施尿素、磷酸二氢钾等。土壤碱解氮含量在 80 毫克/千克以上时，可不追肥。

七、防除杂草

以化学除草为主，中耕或人工除草为辅。化学除草可用乙草胺、盖草能等播种后出苗前一次性使用。

八、防治病虫害

选用抗病虫品种，采用农业防治、生物防治和化学防治等综合防治技术防治病虫害。预防大豆花叶病毒病可采用鲁豆 11 号、鲁豆 12 号、齐黄 28、齐黄 29、齐黄 30、齐黄 31、菏豆 12 号、菏豆 13、中黄 13、山宁 16 等品种；预防大豆胞囊线虫病可选用齐黄 28、齐黄 29、齐黄 30、齐黄 31、齐黄 33 等品种。用冬耕、清除田边杂草等措施防治豆天蛾、豆荚螟、大豆食心虫等害虫。可用敌杀死等化学药剂防治造桥虫、菜青虫、豆天蛾等害虫。

适宜区域：适宜山东省半干旱大豆产区。

注意事项：苗前做好化学除草；雨水较多的年份做好化学控旺，预防倒伏。

主要参考文献

何永梅，杨雄，王迪轩，2021. 大豆优质高产问答［M］.
第2版. 北京：化学工业出版社.

农业部小麦专家指导组，2012. 全国小麦高产创建读本
［M］. 北京：中国农业出版社.

万书波，张佳蕾，等，2020. 花生单粒精播超高产栽培技
术设计与实践［M］. 北京：中国农业科学技术出版社.

周燕，郭峰，王振录，2016. 玉米规模生产与病虫害原色
生态图谱［M］. 北京：中国农业科学技术出版社.